Berichte aus dem Institut für Umformtechnik der Universität Stuttgart
Herausgeber: Prof. Dr.-Ing. K. Lange

96

Andreas Wöhr

Rechnergestützte Fertigung von Sonderprofilen auf der Radialumformmaschine

Mit 80 Abbildungen

Springer-Verlag
Berlin Heidelberg New York
London Paris Tokyo 1988

Dipl.-Ing. Andreas Wöhr
Institut für Umformtechnik
Universität Stuttgart

Dr.-Ing. Dr. h. c. Kurt Lange
o. Professor an der Universität Stuttgart
Institut für Umformtechnik

ISBN-13:978-3-540-19161-2 e-ISBN-13:978-3-642-83452-3
DOI: 10.1007/978-3-642-83452-3

Gesamtherstellung: Copydruck GmbH, Heimsheim

2362/3020—543210

GELEITWORT DES HERAUSGEBERS

Die Umformtechnik zeichnet sich durch sehr gute Werkstoffauswertung und hohe Mengenleistung in der Serienfertigung gegenüber anderen Fertigungsverfahren aus, wobei Beibehaltung der Masse, Änderung der Festigkeitseigenschaften während eines Vorgangs und elastische Rückfederung der Werkstücke nach einem Vorgang wesentliche Merkmale sind. Weiter sind die benötigten Kräfte, Arbeiten und Leistungen sehr viel größer als z.B. bei spanenden Verfahren. Die sichere Beherrschung eines Verfahrens in der industriellen Fertigung und die zunehmende Forderung nach Vermeidung bzw. Minimierung spanender Nacharbeit erzwingen die geschlossene Betrachtung des Systems "Umformende Fertigung" unter zentraler Berücksichtigung plastizitätstheoretischer, werkstoffkundlicher und tribologischer Grundlagen.

Das Institut für Umformtechnik der Universität Stuttgart stellt entsprechend Forschung und Entwicklung zum einen auf die Erarbeitung von Grundlagenwissen in diesen Bereichen ab, zum anderen untersucht und entwickelt es Verfahren unter Anwendung spezieller Meßtechniken mit dem Ziel einer genauen quantitativen Ermittlung des Einflusses der Parameter von Vorgang, Werkstoff, Werkzeug und Maschine. Die Behandlung von Problemen des Maschinenverhaltens, der Maschinenkonstruktion sowie der Werkzeugauslegung und -beanspruchung, der Auswahl hochbeanspruchbarer, verschleißfester Werkzeugbaustoffe und schließlich der Tribologie gehört entsprechend ebenfalls zum Arbeitsgebiet, das durch die Erfassung organisatorischer und betriebswirtschaftlicher Fragen abgerundet wird.

Im Rahmen der "Berichte aus dem Institut für Umformtechnik" erscheinen in zwangloser Folge jährlich mehrere Bände, in denen über einzelne Themen ausführlich berichtet wird. Dabei handelt es sich vornehmlich um Abschlußberichte von Forschungsvorhaben, Dissertationen, aber gelegentlich auch um andere Texte. Diese Berichte sollen den in der Praxis stehenden Ingenieuren und Wissenschaftlern zur Weiterbildung dienen und eine Hilfe bei der Lösung umformtechnischer Aufgaben sein. Für die Studierenden bieten sie die Möglichkeit zur Vertiefung der Kenntnisse. Die seit zwei Jahrzehnten bewährte freundschaftliche Zusammenarbeit mit dem Springer-Verlag sehe ich als beste Voraussetzung für das Gelingen dieses Vorhabens an.

Kurt Lange

Vorwort

Die vorliegende Arbeit entstand während meiner Tätigkeit als wissenschaftlicher Mitarbeiter am Institut für Umformtechnik der Universität Stuttgart.

Herrn Professor Dr.-Ing. Dr.h.c. K. Lange danke ich für sein Vertrauen, seine großzügige Unterstützung sowie seine wertvollen Anregungen und Hinweise.

Für die eingehende Durchsicht dieser Arbeit möchte ich Herrn Professor Dipl.-Ing. F. J. Arendts danken.

Mein Dank gilt weiterhin allen Mitarbeiterinnen und Mitarbeitern des Instituts für Umformtechnik, die durch ihre Hilfe meine Arbeit unterstützt haben.

Die finanziellen Mittel zur Durchführung dieser Arbeit wurden von der Deutschen Forschungsgemeinschaft (DFG) zur Verfügung gestellt. Für diese Förderung bin ich gleichfalls zu Dank verpflichtet.

Kloster Schöntal, November 1987

Andreas Wöhr

INHALTSVERZEICHNIS

Bezeichnungen und Abkürzungen

FEM	Finite-Elemente-Methode
MPST	Mehrprozessor-Steuerungssystem
NC	Numerical Control, numerische Steuerung
NCPROG	NC-Programmiersystem
PRORUM	Programmsystem Radialumformen
PROSOP	Programmsystem Sonderprofile
RAD2	Visioplasticity-Programm zur zweidimensionalen Analyse
RAD3	Visioplasticity-Programm zur dreidimensionalen Analyse
RUMX 2000	Radialumformmaschine mit x-förmiger Anordnung der Arbeitszylinder und insgesamt 2000 kN Preßkraft
WZ	Werkzeug
x, y, z	Koordinatenachsen

Verwendete Größen und Formelzeichen

A	mm^2	Fläche
a	mm	Abmessung
a^*		Zahl der im Eingriff befindlichen Radien
B		Punkt
b	mm	Breite
C		Integrationskonstante
D	mm	Halbe Schlüsselweite des Achteckprofils
d	mm	Durchmesser
F	kN	Kraft
H	mm	Höhe
HV		Vickershärte
I_1		erste Invariante
I_2		zweite Invariante
K	mm	Kantenlänge des Achteckprofils
k	N/mm^2	Fließspannung
L,l	mm	Länge
P		Punkt

R	mm	Werkzeug-Radius
S	mm	Schlüsselweite des Achteckprofils
s	mm	Strecke
S_{b0}		Bißverhältnis
t	s	Zeit
V	mm³	Volumen
c	mm/s	Geschwindigkeit
Z	mm	Zugabe
Δ		Differenz
h	mm	Eindringtiefe
t	s	Vorgangszeit
tr	mm	Eindringtiefe Trapezwerkzeug
ε		Formänderung
ε_h		relative Eindringtiefe
ε_{ij}		Komponenten des Formänderungstensors
$\dot{\varepsilon}_{ij}$		Komponenten des Formänderungsgeschwindigkeitstensors
φ_A		geometrischer Umformgrad
φ_h		logarithmische Eindringtiefe
σ_{ij}	N/mm^2	Komponenten des Spannungstensors
μ		Reibzahl

Indizes

FL	freie Oberfläche
m	mittlere
Q	quer zur Werkzeugwirkrichtung
w	wirksam
Wz	Werkzeugwirkrichtung
WA	Werkzeuganpassung
V	Vergleichs...
0;1;2;	Anfangs-; Zwischen-; End-

1. EINLEITUNG

Umformende Fertigungsverfahren zeichnen sich im allgemeinen durch bestmögliche Werkstoffausnutzung, Verbesserung der Werkstoff- und/oder Werkstückeigenschaften sowie kleine Stückzeiten bzw. hohe Produktivität aus /1/. Diesen Vorteilen stehen die normalerweise hohen Werkzeug- und Maschinenkosten gegenüber, so daß ein wirtschaftlich vertretbarer Einsatz erst bei relativ hohen Gesamtstückzahlen sinnvoll erscheint. Auf der anderen Seite gibt es auch Umformverfahren, besonders aus der Verfahrensgruppe des Freiformens, die, oft mit historisch handwerklichem Hintergrund, für die Produktion kleiner Stückzahlen geradezu prädestiniert sind.

Mit der schnellen Entwicklung numerischer Steuerungen und immer leistungsfähigerer Rechnerkonfigurationen bei sinkender Preistendenz ist es naheliegend zu versuchen, die manuell gesteuerten Bewegungen handwerklicher Verfahren durch eine numerische Steuerung flexibel zu automatisieren. Die dafür erforderlichen NC-Daten werden dann mehr oder weniger komfortabel rechnerunterstützt generiert. In diese Entwicklung wurden in den letzten Jahren vermehrt die Verfahren Rundkneten /2,3/ und Freiformschmieden, hier insbesondere das Recken /4,5/, mit einbezogen.

Ausgehend vom Prinzip der radialen Krafteinleitung zur Umformung längsachsenbetonter Werkstücke beim Rundkneten wurde am Institut für Umformtechnik das Verfahren Radialumformen konzipiert und mit dem Bau der Radialumformmaschine RUMX 2000 realisiert. Die Werkzeugform wurde in Anlehnung an das Recken entworfen, wobei einfach geformte Werkzeugwirkflächen für ein möglichst breites Werkstückspektrum Verwendung finden sollten. Das in der zweiten Ausbaustufe der Anlage integrierte Werkzeugwechselsystem schuf die Möglichkeit, zum einen geometrische Randbedingungen zu erweitern und technologische Anforderungen zu erfüllen, wobei man sich anfänglich auf längsachsenbetonte, wellenartige Teile mit rotationssymmetrischem Querprofil beschränkte /6/.

Zum anderen wurde es damit in jüngster Zeit möglich, im Querprofil längsachsenbetonter Werkstücke die Werkzeugform an die Werkstückform anzupassen und so auch Werkstücke mit nicht rotationssymmetrischem Querprofil in vielfältigen Formen und Abmessungen zu schmieden. Die rechnerunterstützte Fertigung der im folgenden als Sonderprofile bezeichneten Doppel-T-, Doppel-Y-, Kreuz- und Rechteckprofile ist Gegenstand dieser Arbeit. Die Entwicklung dieser Variante eines Fertigungsverfahrens stellt einen Beitrag auf dem Gebiet fortschrittlicher Fertigungsverfahren zur umformenden Herstellung geometrisch komplexer Werkstücke unter Berücksichtigung der Belange einer automatisierbaren, flexiblen Fertigung dar.

2. STAND DER ERKENNTNISSE

Flexible Fertigungssysteme gehören zu den automatisierten Fertigungssystemen zur Herstellung von Stückgütern. Diese sind durch eine untereinander verbundene Anordnung von Maschinen und/oder zugehörigen Betriebseinrichtungen und durch Mittel zum selbsttätigen Transport der Werkstücke gekennzeichnet. Im Maschinenbau beinhaltet ein solches System im Regelfall Werkzeugmaschinen, Peripherie, Transporteinrichtung, hierarchisch geordnete Rechnerstrukturen und oft auch rechnergestützten Arbeitsablauf und Planungshilfsmittel /1/. Diese Systeme werden zunehmend bei der Herstellung von prismatischen und rotationssymmetrischen Teilen in kleinen und kleinsten Stückzahlen eingesetzt. Dabei kommen in der überwiegenden Mehrzahl spanende Bearbeitungsverfahren zum Einsatz. Bisher sind umformende Verfahren in solchen Systemen nur sehr vereinzelt anzutreffen. Sie sind allenfalls als mögliche Systemkomponente verfügbar.

Kaiser /7/ zeigt in seinen Untersuchungen Möglichkeiten der Einbeziehung umformender Fertigungsverfahren in flexible Fertigungssysteme auf. Er unterscheidet dabei grundsätzlich drei Möglichkeiten:

- o Das Umformverfahren tritt im Rahmen eines sonst für spanende Verfahren konzipierten Systems auf und wird innerhalb einer spanenden Werkzeugmaschine angewendet.
- o Das Umformverfahren kommt innerhalb einer eigenständigen, flexiblen Bearbeitungseinheit zur Anwendung, wobei es eines von mehreren im Gesamtsystem verwendeten Verfahren ist. Man spricht hier von gemischten, flexiblen Fertigungssystemen.
- o Im Unterschied dazu ist ein reines, flexibles Fertigungssystem dadurch gekennzeichnet, daß hier nur umformende Verfahren eingesetzt werden.

Die Eignung eines Umformverfahrens für den Einsatz in einem flexiblen Fertigungssystem läßt sich an der realisierbaren Flexibilität bei einem Minimum an manuellem Eingriff in den Bearbeitungsvorgang beurteilen. Es hat sich gezeigt, daß diese Forderungen von Umformverfahren ohne bzw. mit einer möglichst geringen Formbindung zwischen Werkzeug und Werkstück nach

Möglichkeit mit einem integrierten Werkzeugwechsel am besten erfüllt werden können /1/.

Auf dem Gebiet der Massivumformung erscheinen daher neben den Verfahren Radialumformen das Rundkneten und das Freiformschmieden am besten geeignet, wobei die flexible Automatisierung erst durch die numerische Steuerung der Bearbeitungsbewegungen dieser Verfahren möglich wurde.

Das Recken ist das beim Freiformschmieden am meisten eingesetzte Verfahren. Unter Recken versteht man das Verlängern eines Werkstücks (bei gleichzeitigem Verkleinern des Querschnitts) durch zonenweises Stauchen rechtwinklig zur Hauptdehnungsrichtung. Um den Werkstoff bevorzugt in die Länge abfließen zu lassen, bildet man die Sattelgeometrie in geeigneter Weise aus. Der Werkstoff fließt, da hier die geringere Reibung herrscht, bevorzugt in Richtung der Werkzeugschmalseite. Diese Wirkung kann durch eine leichte Balligkeit der Werkzeugwirkfläche noch verbessert werden. Der Werkstoffanteil, der infolge Breitung als sogenannter Drang nicht in die Länge, sondern in die Querrichtung abfließt, muß beim Schmieden von scharfkantigen Profilen wieder zurückgeschmiedet werden /8/. Zum Recken können Reckhämmer, hydraulische Pressen und integrierte Schmiedeanlagen, hierzu sind auch Zweibacken-Schmiedemaschinen zu rechnen, eingesetzt werden. Für eine automatische Fertigung eignet sich Freiformschmieden mit integriertem Manipulator und Schmiedemaschinen, bei denen die verschiedenen Bewegungen automatisch, aber flexibel, ausgeführt werden können /9,10/. Dabei reicht der Grad der Automatisierng bis hin zur von der Werkstückgeometrie ausgehenden rechnerunterstützten, interaktiven Fertigungsdatenerstellung /11/. Bei Zweibacken-Schmiedemaschinen kann dabei auch ein automatischer Werkzeugwechsel integriert werden /1/. Damit wird es möglich, neben Sätteln mit ebener Wirkfläche der Werkzeuge auch abformende Werkzeugwirkflächen zum Einsatz zu bringen.

Das Rundkneten ist ebenfalls in der Lage, die bezüglich Flexibilität und Automatisierbarkeit bestehenden Forderungen für ein Umformverfahren zur Eingliederng in ein flexibles Fertigungssystem zu erfüllen. Durch die meist vierseitige, radiale Krafteinleitung zur Umformung des Werkstücks besteht näherungsweise axialer Werkstofffluß, was die Vorausberechnung der entstehenden Werkstückgeometrie wesentlich vereinfacht. Die auf dem Markt befindlichen Rundknetmaschinen sind nahezu durchweg mechanisch über Kurbel-(Exzenter-)Getriebe oder Umlauf-(Kurbel-)Getriebe angetrieben, die sehr hohe Hubfolgen (300 - 1400 min^{-1}) ermöglichen. Durch die meist integrierte Bauweise der Anlagen (Manipulator und Bearbeitungseinheit gekoppelt) eignen sich diese Anlagen auch für eine mechanische Automatisierung. Sie bedienen sich zum Teil noch mechanischer Hilfsmittel, wie Nocken und Schablonen. Mittlerweile hat auch hier die numerische Steuerung Einzug gehalten und sorgt für Flexibilität bei guter Reproduzierbarkeit und großer Genauigkeit. Der relativ kleine, mit einem Werkzeugsatz schmiedbare Durchmesserbereich, wirkt sich insbesondere durch den bisher fehlenden, prozeßintegrierten, automatisierten Werkzeugwechsel nachteilig auf die Flexibilität des Verfahrens aus. Dazu trägt ebenfalls der geringe Arbeitshub bei voller Kraft bei, der durch die Kraft-Weg-Kennlinie des mechanischen Antriebs bedingt ist. Die große Einlaufschräge der Werkzeuge beim hauptsächlich verbreiteten Vorschubverfahren wirkt sich ebenfalls negativ auf die mögliche Flexibilität aus.

2.1 RADIALUMFORMMASCHINE

Mit der Konzeption des Verfahrens Radialumformen entstanden Anforderungen an die Fertigungsanlage für dieses Verfahren, die keine der vorhandenen Anlagen zum Rundkneten oder Freiformen erfüllen konnte /7/. So entstand am Institut für Umformtechnik der Universität Stuttgart die Radialumformmaschine, die den besonderen Belangen des Radialumformens voll entspricht. Für die hohe Flexiblität war ein sehr großer Verstellbereich und ein großer Arbeitshub bei Nennkraft erforderlich. Dabei war eine numerische Steuerung für die Verstell- und die Arbeitshubbewegung im Hinblick auf die automatisierbare Flexibilität selbstverständlich. Dies führte zu einer neuartigen, bislang noch nicht realisierten Gestaltung der dem Schmiedekasten beim Rundkneten vergleichbaren Zentraleinheit, die über die vierseitige radiale Krafteinleitung die Umformung des Werkstücks durchführt. Eine dem Verfahren Radialumformen angepaßte Werkstück- und Werkzeughandhabung bzw. Werkzeugwechseleinrichtung ist im Endausbauzustand ebenso selbstverständlich, wie eine mit Verfahren eng verknüpfte, rechnergestützte Fertigungsdatengenerierung. Das herstellbare Spektrum der

Werkstücke längsachsenbetonter Teile als Vorformen für eine anschließende spanende Weiterbearbeitung läßt sich, wie in Bild 1 erkennbar, in drei Gruppen einteilen. Die erste Gruppe besteht aus Teilen mit Querprofilen regelmäßiger Sechzehn-, Acht- und Vierecke. In der zweiten Gruppe kommen zu diesen Querprofilformen die Sonderprofile hinzu, das sind Doppel-T-, Doppel-Y-, Kreuz- und Rechteckprofile. Zur dritten Gruppe schließlich gehören die Vorformen für Getriebeteile wie Zahnstangen, Kerbverzahnungen und Bewegungsgewinde.

Bild 1: Werkstückspektrum der Radialumformmaschine RUMX 2000.

2.1.1 Aufbau der Anlage

Die Radialumformmaschine RUMX 2000 (Bild 2) besteht aus fünf Funktionsgruppen: Zentraleinheit, Manipulator, Werkzeugwechselsystem, Hydraulikaggregat und Rechnersystem. Die Zentraleinheit übernimmt mit vier x-förmig angeordneten Hydraulikzylindern, deren Kolben die Werkzeuge tragen, die Aufgabe der radialen Krafteinleitung zur Umformung des Werkstücks. Die Nennkraft pro Zylinder beträgt 500 kN.

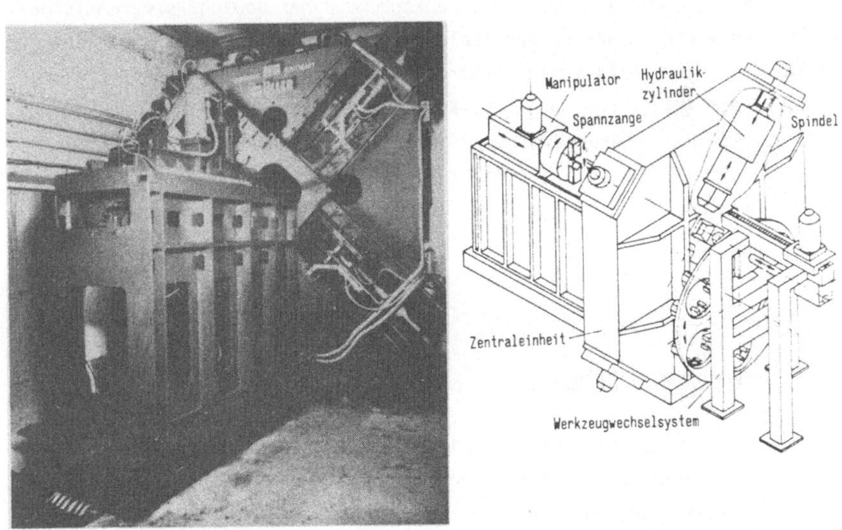

Bild 2: Radialumformmaschine RUMX 2000 /1/.

Der Manipulator positioniert das Werkstück im Arbeitsraum der Zentraleinheit. Das Werkstück wird vom Manipulator mit einem hydraulischen Keilspannfutter, das auch exzentrisch zur Mittelachse bewegt werden kann, fixiert.

Das integrierte Werkzeugwechselsystem mit einem Rundmagazinspeicher und einem Werkzeugmanipulator kann 6 komplette Werkzeugsätze aufnehmen und einen Werkzeugwechsel in 20 Sekunden durchführen.

Das Hydraulikaggregat mit einer Anschlußleistung von 145 kW liefert bei einem Betriebsdruck von 280 bar eine Ölfördermenge von 270 l/min und versorgt die Arbeitszylinder der Zentraleinheit, den Manipulator und das Werkzeugwechselsystem mit der notwendigen hydraulischen Energie. Für kurzzeitig erforderliche höhere Ölmengen steht ein Hochdruckspeicher zur Verfügung.

Das Rechnersystem der Anlage besteht aus einem Mini-Computer DEC-PDP 11/34, der zusammen mit MPST-Komponenten und einer speicherprogrammierbaren Steuerung die Steuerung der Radialumformmaschine sowie die Datengenerierung für den Arbeitsplan übernimmt. Alternativ dazu besteht die Möglichkeit, die Anlage ohne die MPST-Komponenten mit dem Mini-Computer zu steuern. Für die rechnergestützte, automatisierte Erstellung des Arbeitsablaufplans kann auch ein ebenfalls vorhandener Micro-Computer DEC-Micro-PDP 11/73 eingesetzt werden, auf dem die gesamte Softwareentwicklung durchgeführt wird.

2.1.2 Bewegungsmöglichkeiten

Die Flexibilität des Verfahrens Radialumformen beruht zu einem erheblichen Teil auf dem Prinzip der kinematischen Gestalterzeugung; die Werkstückgestalt wird dabei durch die Lage des oder der Werkzeuge zum Werkstück bzw. deren Bewegungen zueinander erzeugt. Eine Steigerung der Flexibilität bringt der prozeßintegrierte Werkzeugwechsel, der wiederum von der Ausführung und Koordination der Bewegung des Werkzeugspeichers und des Werkzeugmanipulators abhängt. Dies unterstreicht die Bedeutung der Bewegungsmöglichkeiten dieser Maschine und deren Koordination durch die numerische Steuerung. Die Gesamtgestalt des Werkstücks entsteht durch eine Vielzahl von Umformvorgängen; man spricht hier von inkrementeller Gestalterzeugung.

Wie schon erwähnt, übernimmt die Zentraleinheit die Aufgabe der radialen Krafteinleitung. Dabei formen vier hydraulisch angetriebene Stößel mit einer Nennkraft von jeweils 500 kN, mit einer Geschwindigkeit von 50 mm/sec und einem maximalen Stößelhub von 50 mm das Werkstück um. Die Hubendlage und damit die Werkstückgestalt wird durch die mechanische Verstellung des gesamten Arbeitszylinders erzeugt, wobei die Bewegung von einem Servo-

Gleichstrommotor über ein Schneckenrad und eine selbsthemmende Bewegungsspindel auf den Zylinder übertragen wird. In Analogie zum spanenden Bearbeitungsverfahren Drehen könnte man dies als Zustellung bezeichnen. Eine weitere Bewegungsmöglichkeit der Maschine ergibt sich dadurch, daß das Werkzeugoberteil gegenüber dem Werkzeugunterteil manuell um die Bearbeitungsrichtung gedreht werden kann. Dieser Sachverhalt ist bei der Fertigung von Vorformen für Bewegungsgewinde von besonderer Bedeutung, da hier das Oberteil gegenüber der Werkzeughalterung um den Steigungswinkel verdreht werden kann. Die hydraulische Arbeitshubbewegung wird bis zum Auftreffen der Werkzeuge auf das Werkstück mit einem Servoventil exakt geregelt, um mit einer synchronisierten Bewegung aller vier Stößel das gleichzeitige Auftreffen der Werkzeuge auf das Werkstück zu ermöglichen. Die Lage der Stößel wird durch ein induktives Wegmeßsystem, das in der Endausbaustufe der MPST-Steuerung von einem digitalen Glasmaßstab ersetzt werden soll, mit hoher Auflösung erfaßt.

Der Manipulator positioniert das Werkstück durch eine Längs- und eine Drehbewegung um die Längsachse im Arbeitsraum der Maschine. Die Längsbewegung erfolgt mit einem Hydraulik-Differentialzylinder. Der größtmögliche Weg beträgt 820 mm. Die erforderliche hohe Genauigkeit der Längspositionierung von ca. ± 0,1 mm wird durch die Verwendung eines Servoventils und eines Glasmaßstabs als Wegmeßsystem erreicht. Die Drehbewegung des hydraulischen Keilspannfutters, das das Werkstück aufnimmt, wird durch einen Gleichstrom-Servomotor über ein Schneckenradgetriebe erzeugt. Der kleinste, damit realisierbare Drehschritt beträgt 11,25° .

Die Bewegungsmöglichkeiten des Werkzeugwechslers lassen sich am besten an einem konkreten Werkzeugwechselvorgang erläutern. Zu Beginn muß das hydraulische Spannsystem der Werkzeuge innerhalb der Maschine gelöst werden. Daraufhin fährt der Greifer des Werkzeugmanipulators in den Arbeitsraum der Maschine und greift mit einem Vierfach-Zangengreifer den kompletten Werkzeugsatz. Dieser Werkzeugsatz wird in das Rundspeichermagazin zurückgebracht und abgelegt. Der Greifer fährt nach hinten in die Warteposition. Durch Drehung des Rundmagazins kommt ein neuer Werkzeugsatz in den Greiferarbeitsraum des Werkzeugmanipulators. Dieser fährt vorwärts, greift den kompletten Satz und bringt ihn in den Arbeitsraum der Maschine. Dort werden die Werkzeuge in der richtigen Position mit dem hydraulischen Spannsystem der Maschine fixiert. Mit dem Zurückfahren des Werkzeugmanipulators ist der Wechselvorgang abgeschlossen.

2.1.3 Steuerung

Wie aus der Beschreibung der Maschinenbewegungen ersichtlich ist, stellt deren Koordination einen wichtigen Teilaspekt der Arbeiten an der Radialumformmaschine dar. Der derzeitige hardwaremäßige Aufbau der Steuerung ist aus dem Bild 3 ersichtlich. Neben der Steuerung der Maschine und der Hilfseinrichtungen erfüllt das verwendete Rechnersystem eine Reihe von Funktionen in den Bereichen der NC-Teileprogrammierung, der NC-Programmspeicherung und -verwaltung. Diese Aufgaben wurden einem Mini-Rechner übertragen (DEC-PDP 11/34), der über eine komfortable Bedieneinrichtung zur Programmentwicklung und Speicherung verfügt /12/.

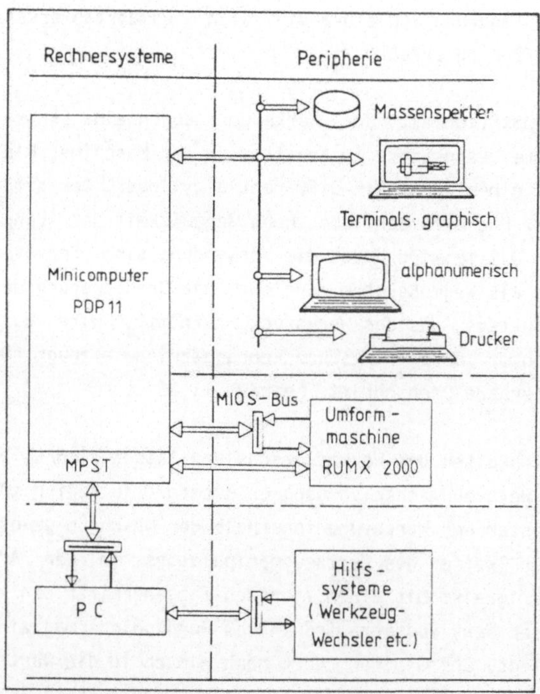

Bild 3: Rechner- und Steuerungssystem der RUMX 2000.

Die eigentliche Steuerung der Anlage übernimmt eine hierarchisch angeordnete Rechnerkonfiguration, bestehend aus dem oben erwähnten Mini-Computer, verschiedenen MPST-Komponenten und einer speicherprogrammierbaren Steuerung. Dabei muß eine Vielzahl von Funktionen realisiert werden. Dies sind Umrechnung der Bearbeitungsdaten auf ein maschinenorientiertes Koordinatensystem, Erfassung und Verarbeitung der vorliegenden Prozeßsignale (Wegmeßsystem, Endschalter etc.), Berechnung der Sollwertverläufe der verschiedenen Achsen und die Regelung der Bewegungen sowie Kollisionsüberwachung und Störungsanalyse /13/.

Eine spezielle Aufgabe der Steuerung besteht in der Realisierung geeigneter Weg-Zeit-Funktionen beim hydraulischen Arbeitshub der Stößel. Bislang genügte ein synchronisierter Hub aller vier Stößel bis zum Auftreffen auf das Werkstück. Für die Fertigung von Sonderprofilen soll unter dem Gesichtspunkt eines optimalen Werkstoffflusses die Steuerung der Stößel so modifiziert werden, daß paarweise, unterschiedliche Weg-Zeit-Funktionen möglich sind. Zur Steuerung und Überwachung des Werkzeugwechslers und der Wechselbewegungen an der Maschine steht eine einfache, speicherprogrammierbare Steuerung zur Verfügung, die in diesen Rechnerverbund voll integriert ist.

2.2 RADIALUMFORMEN VON WERKSTÜCKEN MIT ROTATIONSSYMMETRISCHEM QUERPROFIL

Das Grundprinzip des Radialumformens beruht auf der ungebundenen, inkrementellen Umformung durch vierseitige, radiale Krafteinleitung in längsachsenbetonte Werkstücke. Daraus ergibt sich das in Bild 4 gezeigte Werkstückspektrum. Als Querschnitte können regelmäßige Vier- oder Achtecke sowie Kreise, d. h. Sechzehnecke als Kreisersatzform, auftreten. Durch Aneinanderreihung von Werkstücksegmenten mit verschiedenen Querschnitten können sämtliche, dem Teilespektrum entsprechende Werkstücke, erzeugt werden. Der radiale Fehler zwischen Kreis und Sechzehneck beträgt maximal 2 %, wenn der Kreisdurchmesser als Schlüsselweite des Sechzehnecks gewählt wird /14/. Kegelstümpfe werden mit einer Reihe, das angestrebte Kegelelement umhüllende, Formelemente mit Sechzehneckquerprofil angenähert, wobei im Längsprofil die gerade Konturlinie durch einen Treppenzug ersetzt wird.

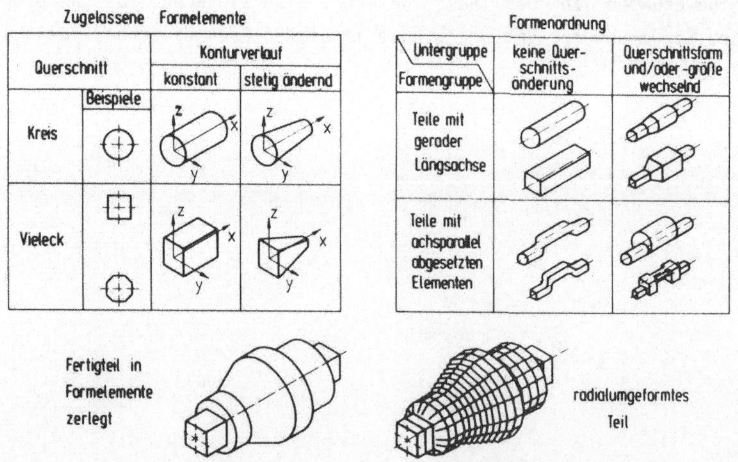

Bild 4: Werkstückspektrum RUMX 2000 "Konventionell" /6/.

Durch Radialumformen sollen einerseits Zwischenformen für eine anschließende, spanende Weiterverarbeitung hergestellt werden. Dostal /15/ untersucht im Rahmen einer Arbeit die wirtschaftlich optimale Schnittstelle zwischen numerisch gesteuertem Radialumformen und NC-Drehen, wobei sich diese Schnittstelle, unter anderem aufgrund ihrer Abhängigkeit zu variierenden Werkstoffkosten, dynamisch verhält.

Eine andere Möglichkeit der Verwendung radial umgeformter Werkstücke besteht darin, sie als Zwischenform für die Weiterverarbeitung durch Gesenkschmieden im Fertiggesenk einzusetzen. Es lassen sich so unter Umständen teuere Schmiedezwischenstufen einsparen, was sich vor allem bei kleinen und mittleren Stückzahlen auswirkt.

2.2.1 Werkstofffluß

Die Flexibilität der kinematischen Gestalterzeugung bei Umformverfahren beruht darauf, daß die Werkstückgestalt ganz oder zu einem großen Teil von der relativen Lage des oder der Werkzeuge zum Werkstück bzw. deren Bewegungen abhängig ist. Die Möglichkeit, diese Bewegungen numerisch zu steuern und damit das Verfahren auch für kleine Stückzahlen automatisierbar zu machen, erfordert die Vorausberechnung dieser Bewegungen, abhängig von der Werkstückgeometrie und Verfahrens-, Werkstoff- und Maschinenparametern. Dafür ist die Erarbeitung der verfahrensspezifischen Werkstoffflußcharakteristika von großer Bedeutung.

Für die dem Radialumformen sehr ähnlichen Verfahren Recken und Rundkneten liegen umfangreiche Werkstoffflußuntersuchungen vor. Sie bilden die Grundlage für das hier beschriebene Gebiet des Werkstoffflusses beim Radialumformen von Werkstücken mit rotationssymmetrischem Querprofil und für die Untersuchungen des Werkstoffflusses von Sonderprofilen, auf die in einem späteren Abschnitt dieser Arbeit eingegangen werden soll.

Bei der Untersuchung des Werkstoffflusses ist zu beachten, daß es sich beim Recken, beim Modellfall des breitungsfreien Reckens und beim Radialumformen um Verfahren handelt, auf die bei einer ersten Abschätzung des

Werkstoffflusses im Längsprofil gleiche Ansätze gemacht werden können. Sie unterscheiden sich aber wesentlich in Werkstofffluß quer zur Längsachse. Beim Recken tritt durch die Breitung ein Werkstofffluß in Querrichtung auf, der nach außen orientiert ist. Beim breitungsfreien Recken wird diese Werkstoffflußrichtung unterdrückt, während beim Radialumformen durch die Wirkung des zweiten Werkzeugpaars der Werkstoff nach innen fließt.

2.2.1.1 Analytische Ermittlung des Werkstoffflusses

Die rechnerische Ermittlung von dreidimensionalen Formänderungs- und Spannungszuständen mit der Finiten-Elemente -Methode ist derzeit noch mit großen Schwierigkeiten behaftet. Die Schwierigkeiten treten vor allem bei der Modellbildung der Umformkinematik und bei der rechentechnischen Realisierung (zu großer Speicherplatzbedarf) auf /16/. Für vereinfachende Sonderfälle des Formänderungszustandes, wie er z. B. durch den ebenen Formänderngszustand gegeben ist, sind Simulationen des Umformvorgangs mit Hilfe der Finiten-Elemente-Methode bekannt /17,18/. Diese Art der Berechnung des Werkstoffflusses, die einen ebenen Formänderungszustand voraussetzt, läßt sich, wenn man das Radialumformen trotz der vorher geschilderten Wirkung des zweiten Werkzeugpaares näherungsweise wie ein ebenes Problem behandelt, auch beim Radialumformen von Teilen mit rotationssymmetrischem Querprofil verwenden. In Bild 5 sind die geometrischen Verhältnisse zur Simulation des Radialumformvorganges skizziert und die formelmäßigen Zusammenhänge für das Anfangsbißverhältnis und die relative Eindringtiefe angegeben. Diese Größen wurden bei der Simulation des Radialumformvorgangs systematisch variiert. Dabei ergab sich die beste Durchschmiedung bei einem Bißverhältnis von ca. 0,5 - 0,6 und einer relativen Eindringtiefe, die größer 0,1 sein sollte /14/. Neben der Finite-Elemente-Methode sind zur analytischen Berechnung des Stoffflusses für dem Radialumformen verwandte Verfahren, wie beispielsweise dem Recken, vor allem Abschätzungen mit Hilfe der oberen und der unteren Schranke /19/ und der Gleitlinientheorie /20/ bekannt, wobei bei der Gleitlinientheorie auch wiederum der ebene Formänderungszustand vorausgesetzt wird.

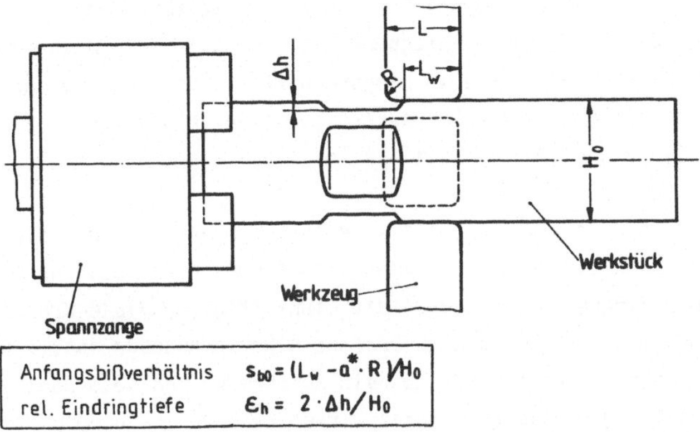

* $a = 1$, bei Ersthub $L_w = L$ und $a = 2$

Bild 5: Definition und Bezeichnungen beim Radialumformen /14/.

2.2.1.2 Experimentelle Untersuchungen zum Werkstofffluß

Zur experimentellen Untersuchungen des Werkstoffflusses beim Recken wurde eine Anzahl unterschiedlicher Methoden eingesetzt. Dabei ist die Verwendung von Plastilin als Modellwerkstoff sehr weit verbreitet. Von großer Bedeutung sind die Parallelversuche von Cook /21/ an Plastilin und Stahl, wobei eine gute Übereinstimmung von Stahl bei Schmiedetemperatur und Plastilin gefunden wurde. Dabei stellte sich heraus, daß die Formänderungsverteilung beim Recken im Längsprofil hauptsächlich vom Verhältnis der wirksamen Werkzeuglänge zur Werkstückhöhe (Bißverhältnis) und von der relativen Eindringtiefe abhängt. Unabhängig von der Eindringtiefe ergab sich bei einem Bißverhältnis von 0,5 die beste Kerndurchschmiedung, die durch ein ausgeprägtes Maximum der Formänderngsverteilung im Bereich der Mittelachse des Werkstücks deutlich wird. Paukert /14/ hat bei Voruntersuchungen zu seiner Arbeit aus der Literatur die empfohlenen Bißverhältnisse verschiedener früherer Untersuchungen zusammengestellt. Die Werte schwanken zwischen 0,3 und 0,7. Die Ergebnisse wurden unter anderem mit geschichteten Plastilinproben, geteilten Bleiproben (Ansatz zur Visioplasticity) und Härtemessungen an geeigneten Schnitten ermittelt /22,23/. Den Ergebnissen seiner eigenen Untersuchung entsprechend, die er beim Radialumformen rotationssymmetrischer Querprofile in Längsschnitt mit der Methode der Visioplasticity durchführte, empfiehlt Paukert Bißverhältnisse von 0,5 - 0,6 und relative Eindringtiefen von 0,1 - 0,15.

Bei der Untersuchung des Werkstoffflusses im Querschnitt beim Radialumformen von Werkstücken mit rotationssymmetrischem Querprofil besteht aufgrund der gemeinsamen Eigenschaften, wobei die vierseitige, radiale Krafteinleitung zur Umformung des Werkstücks besonders hervorzuheben ist, eine enge Beziehung zwischen dem Werkstofffluß beim Rundkneten und beim Radialumformen. Zur Abschätzung der im Querprofil wirkenden Spannungen beim Vierwerkzeugsystem wurde nach Vorschlag von Hill in /24/ das Gleitlinienfeld berechnet. Dabei wird der Umformvorgang als ebenes Problem behandelt und festgestellt, daß mit steigender Werkzeuganzahl die Zugspannungen abgebaut und damit der Spannungszustand für die Umformung günstiger wird. Das Vierwerkzeugsystem beim Radialumformen und beim Rundkneten bewirkt durch die starke Umschließung des Werkstücks durch das Werkzeug eine Reduktion der freien Breitung (Bild 6) und eine Erhöhung der Streckwirkung /25/. Das

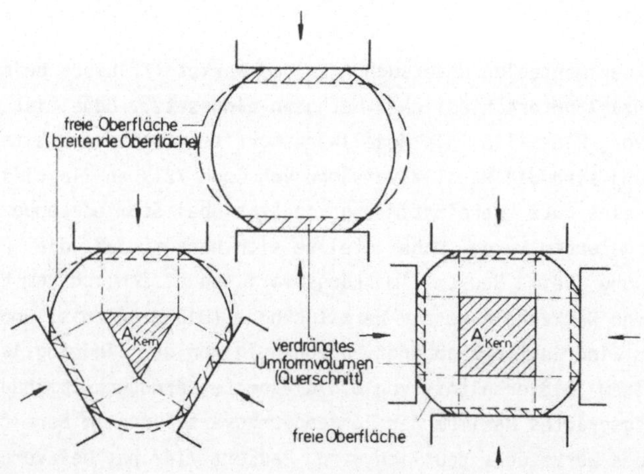

Bild 6: Prinzipielle Darstellung von Mehrwerkzeugsystemen /14/.

Reckschmieden mit Winkelsattel ermöglicht ebenfalls Ansätze zu vergleichenden Betrachtungen. Durch die große Umschlingung wird auch in diesem Fall die freie Breitung vermindert und eine große Streckung ermöglicht. Dabei sollte für einen optimierten Werkstofffluß der Öffnungswinkel der Winkelsättel zwischen 120° und 135° liegen /26/.

2.2.2 Kraftbedarf

Für eine automatische Arbeitsablaufplanerstellung ist es notwendig, die für den jeweiligen Umformschritt erforderliche Kraft zu kennen. Sie hängt unter anderem vom umzuformenden Werkstoff, der Eindringtiefe und der Bißbreite ab. Für die Verfahren Rundkneten und Recken existieren eine Vielzahl von theoretischen Ansätzen zur Kraftberechnung und experimentellen Untersuchungen zur Kraftabschätzung.

Für das Recken gibt Geiger /27/ einfache Beziehungen zur Kraftberechnung mit der einschränkenden Voraussetzung eines ebenen Werkstoffflusses, einer konstanten mittleren Schubspannung und einer gleichmäßigen Verteilung des Umformwiderstandes an. Die Gesamtkraft setzt sich dann aus der ideellen Umformkraft, einem Reibungs- und einem Schiebungsanteil zusammen. Mit einem Variationsprinzip der Plastomechanik wird in /28/ die Umformkraft für das Recken unter Berücksichtigung der Breitung berechnet. Kopp hält es in /29/ für möglich, mit der visioplastischen Methode die integrale Größe mit einem, in bezug auf die Genauigkeit der zu verwendenden Meßtechnik vertretbaren Aufwand abzuschätzen. Für das Rundkneten gibt Leutgöb /30/ in Anlehnung an die Kraftberechnungen für das Walzen eine Näherungsformel für die Schmiedekraft je Hammer an. Uhlig berechnet in /31/ nur die Werkzeugwirkfläche beim Rundkneten, während der mittlere Druck in der Werkzeugwirkfläche gemessen werden muß, um die Kraft zu berechnen. Rein experimentell wird die Kraft bei Margin /32/ abgeschätzt. Dabei wird von der mit Dehnungsmeßstreifen erfaßten Gestellauffederung einer Genauschmiedemaschine auf die Umformkraft zurückgerechnet.

Die hier vorgestellten Verfahren zur Abschätzung des Kraftbedarfs sind auf das Radialumformen nur bedingt übertragbar, da beim Recken die Wirkung des zweiten Stößelpaares nicht vorhanden ist und beim Rundkneten das Werkzeug sich im Längsprofil aus einer Einlaufschräge und einer Kalibrierstrecke zusammensetzt. Die Ansätze zur Kraftberechnung von Siebel für das Recken /33/ wurden von Paukert /34/ den Gegebenheiten des Radialumformens angepaßt. Dabei wird die Geometrie der gegenüber dem Recken veränderten kraftbeaufschlagten Fläche entsprechend angepaßt. Parallel dazu kommen die Kraftberechnungsformen von Geleljj /35/, der die Kraft über eine Energiebetrachtung errechnet, und die Kraftberechnung von Storoschew /36/ (Stauchformel) zum Einsatz. Zur Überprüfung der mit diesen Formeln ermittelten Umformkräfte wurden die tatsächlichen Kraft-Weg-Verläufe beim Radialumformvorgang aufgenommen. Dabei wird die Umformkraft über den im Hydraulikzylinder vorhandenen hydraulischen Druck berechnet. Im Bild 7 ist die relativ gute Übereinstimmung zwischen theoretischen und experimentell ermittelten Werten sichtbar. Eine weitere Möglichkeit zur Berechnung der zum

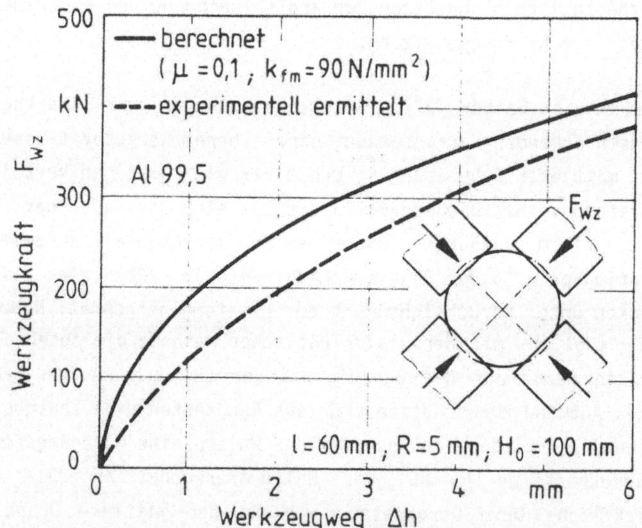

Bild 7: Vergleich zwischen gerechneten und gemessenen Kraft-Weg-Verläufen beim Radialumformen /34/.

Umformvorgang notwendigen Kraft ist durch den Einsatz der Finite-Elemente-Methode gegeben. In /14/ ist für eine gegebene Werkzeuggeometrie die Normalspannungsverteilung berechnet worden (Bild 8). Aus dieser über der Werkzeugwirkfläche aufgezeichneten Normalspannungsverteilung läßt sich durch Integration die erforderliche Umformkraft berechnen.

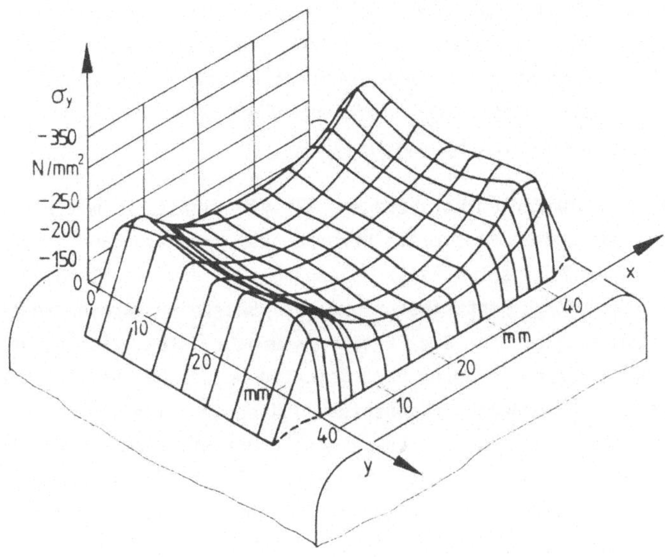

Bild 8: Werkzeugbelastung beim Umformen eines Achtkants /14/.

2.2.3 Rechnergestützte Arbeitsablaufplanung mit PRORUM II

Die Flexibilität des Radialumformens beruht zu einem großen Teil, wie schon erwähnt, auf der kinematischen Gestalterzeugung. Die Werkstückgestalt entsteht durch entsprechende koordinierte bzw. gesteuerte Relativbewegungen zwischen Werkstück und Werkzeug. Es ist erforderlich für den Einsatz dieses Verfahrens in flexiblen, automatisierten Produktionsstrukturen, aus der geplanten Werkstückgestalt, der Werkzeuggeometrie und den technologischen Randbedingungen die NC-Daten für die entsprechenden Bewegungen mit einem geeigneten Programm zu erzeugen. Diese, von der Werkstückgeometrie ausgehende, automatische NC-Datengenerierung für die kinematische Gestalterzeugung kommt in vereinfachter Form in den von Metzger /37/ erfaßten Literaturstellen beim Freiformschmieden und beim Rundkneten zum Einsatz. Für den Bereich des Freiformschmiedens stellt ein

Bericht von Pahnke /38/ über die Grundlagen des programmierten Schmiedens den augenblicklichen Stand der Technik auf diesem Gebiet dar. Das darin vorgestellte Programm zeichnet sich insbesondere dadurch aus, daß hier auch temperaturabhängige Werkstoffkenngrößen (Festigkeit) und die Breitung beim Recken berücksichtigt wird.

Für das Radialumformen hat Metzger /37/ für Werkstücke mit rotationssymmetrischem Querprofil eine erste Version des Arbeitsablaufplangenegierungssystems PRORUM I entwickelt. Dieses System ermöglicht es, durch die Bestimmung der Maschinenparameter und der Bearbeitungsreihenfolge die Radialumformmaschine an die Fertigungsaufgabe automatisch anzupassen. Paukert /39/ entwickelte unter Berücksichtigung der bei Betrieb der Radialumformmaschine gewonnenen Erkenntnisse und der von ihm durchgeführten Werkstoffflußbetrachtungen das erweiterte Programmsystem PRORUM II. In dieses Arbeitsablaufplangenerierungssystem wurde dabei insbesondere der prozeßintegrierte, automatische Werkzeugwechsel unter Berücksichtigung der Werkstoffflußuntersuchungen integriert. Das Programmsystem PRORUM II gliedert sich in vier Bereiche:

- Beschreibung der Fertigungsaufgabe
- Arbeitsablauf
- Fertigungsdaten
- Graphische Darstellung

Bei der Beschreibung der Fertigungsaufgabe bildet die Fertigteilzeichnung die Grundlage zur Eingabe der Werkstückgeometrie. Zur Eingabe werden die Werkstücke von links beginnend in Formelemente, wie Zylinder, Prismen und Kegelstümpfe, als nicht mehr weiter unterteilbare Werkstückabschnitte mit gleichartigem Querschnitt, zerlegt. Durch Aneinanderreihung dieser Elemente entstehen unter Vernachlässigung der Nebenformelemente, wie Phasen und enge Einschnitte, sämtliche dem Teilespektrum entsprechenden Werkstücke. Weiterhin müssen die geometrischen Daten der Werkzeuge und die sogenannten technologischen Daten, wie optimales Bißverhältnis, maximaler Teilumformgrad und die Bearbeitungszugaben (axial, radial), eingegeben werden. Im zweiten Programmbereich wird die Herstellbarkeit der Formelemente überprüft und den Gegebenheiten des Radialumformens angepaßt. Dabei werden zu enge Einschnitte in größere Formelemente verschmolzen und Kegelstümpfe in eine Reihe gestufter Prismen umgewandelt. Die Rohteilgeometrie errechnet sich aus dem Gesamtvolumen des Werkstücks und dem größten, erforderlichen Durchmesser. Im dritten Programmbereich werden die Daten zur Steuerung der Radialumformmaschine ermittelt, die sich aus Einstell- und Bearbeitungsdaten sowie den Werkzeugwechseldaten zusammensetzen. Die Bearbeitungsdaten bestehen aus der Manipulatorposition und dem Manipulatordrehwinkel sowie aus den Stößelpositionen und einer Nebeninformation, ob mit zwei oder vier Stößeln gleichzeitig geschmiedet werden kann. Die graphische Darstellung der Eingabedaten und der Werkstückgeometrie, die den Möglichkeiten der Maschine angepaßt wurde, sowie die Darstellung des Arbeitsfortschritts anhand der Zwischenformen, ermöglicht im vierten Programmblock einen schnellen Überblick über die eingegebenen und die errechneten Daten.

2.3 SONDERPROFILE

Der Begriff Sonderprofile /40/ wird in dieser Arbeit für die auf der Radialumformmaschine herstellbaren Doppel-T-, Doppel-Y-, Kreuz- und Rechteckquerprofile verwendet. Dieser Ausdruck entstand dadurch, daß es sich bei diesen Querprofilen um Formen handelt, die das bei der Konzeption der Anlage vorgesehene Werkstückspektrum wesentlich erweitern. Der Verwendungsbereich dieser Profile reicht im allgemeinen vom Fahrwerksträger für Verkehrsflugzeuge /41/ bis hin zum Stahlhochbau /42/. Diese Sonderprofile verbinden hohen Widerstand gegen Biegung und Torsion mit niedrigem Gewicht, insbesondere wenn als zusätzliche Versteifung Querrippen eingefügt werden.

2.3.1 Herstellungsmöglichkeiten von Sonderprofilen

Für die Herstellung von Sonderprofilen sind grundsätzlich urformende, umformende und spanende Fertigungsverfahren einsetzbar. Bei der urformenden Herstellung müssen hinsichtlich Geometrie (Wandstärke, Werkstoffanhäufung, Radien) und Werkstoff (Vergießbarkeit) einige Einschränkungen in Kauf genommen werden. Werden diese gießspezifischen Einschränkungen eingehalten, ist es möglich, relativ komplex geformte Geometrien, z. B. mit Zwischenrippen und Anschlußflanschen, nahe der Endform herzustellen. Bei hohen Festigkeitsanforderungen an das Werkstück ist ein Gußteil wegen der niedrigeren mechanischen Kennwerte (Zugfestigkeit, Zähigkeit) im allgemeinen weniger geeignet /43/. Je nach Gießverfahren sind auch schon kleinere Losgrößen wirtschaftlich herstellbar.

Bei der spanenden Herstellung bzw. Weiterverarbeitung von Sonderprofilen bestehen hinsichtlich der herstellbaren Formenvielfalt und des verwendeten Werkstoffs nahezu keine Einschränkungen. Dem stehen aber vor allem bei dünnwandigen, tiefen Profilen sehr hohe Materialverluste durch die spanende Verarbeitung gegenüber, was sich, vor allem bei teuren Werkstoffen wie Titan, sehr stark auf die Herstellkosten auswirkt. Durch die spanende Bearbeitung der oft umformtechnisch (durch Recken) hergestellten Vorformen, kann der Faserverlauf im Längs- und Querprofil des Werkstücks empfindlich gestört werden, was die Festigkeit der Bauteile, vor allem bei spröden, kerbempfindlichen Werkstoffen, sehr stark vermindert.

Für die umformende Herstellung von Sonderprofilen gibt es je nach Profilart, Längsprofilverlauf, Werkstoff und Losgröße eine Vielzahl von Verfahren. Bleibt das Querprofil im Verlauf der Längsachse konstant, so werden Strangpreß- und Walzverfahren eingesetzt, wobei komplexere Profile durch Strangpressen hergestellt werden /44/, während beim Walzen auch höherfeste Werkstoffe verarbeitet werden. Für einen optimierten Werkstofffluß, insbesondere beim Walzen von Doppel-T-Profilen und Schienen werden spezielle Universalwalzwerke, sogenannte Quattro-Universalgerüste, eingesetzt. Diese zeichnen sich vor allem durch die angetriebenen Vertikalwalzen aus /45/. Bei wechselnden Querprofilformen innerhalb eines Werkstücks sind bei mittleren und großen Losgrößen das Schmiedewalzen und das Gesenkschmieden einsetzbar, wobei das Gesenkschmieden bei großen Werkstücken wegen zu geringer zur Verfügung stehender Umformkraft an die durch die Umformmaschine gegebenen Grenzen stößt. Diese Grenze läßt sich durch abschnittsweises Umformen eines Teils, dem sog. inkrementellen Schmieden, wesentlich erweitern /46/. Bei kleinen Losgrößen können integrierte Freiformschmiedepressen und Schmiedemaschinen zum Einsatz kommen. Je nach Grad der Formbindung des verwendeten Werkzeugs ist der Übergang vom inkrementellen Gesenkschmieden bis hin zur kinematischen, äußerst flexiblen Gestalterzeugung beim Freiformschmieden, fließend. Schaeffer /47/ stellt durch die Verwendung segmentierter Werkzeuge, die mehrere Umformstufen enthalten und bei jedem Umformschritt nur einen kleinen Werkstückteilbereich umformen, Integralplatten mit hohen Rippen her. Durch eine spezielle Vorrichtung erreicht Schey /48/ mit einer einfachwirkenden hydraulischen Presse eine vierseitige radiale Krafteinleitung, die dem Verfahrensablauf einer Vier-Hämmer-Rundschmiedemaschine entspricht. Er zeigt dabei mit einfachen Mitteln die Herstellungsmöglichkeiten von Doppel-T-Profilen mit Querstegen auf. Das Schmieden von Doppel-T-Trägern auf Schmiedemaschinen der Firma GFM wird in /49/ beschrieben. Durch die großen Einlaufschrägen der verwendeten Werkzeuge in Axialrichtung ist dabei das Herstellen von Werkstükken mit versteifenden Querrippen erschwert.

3. ZIELSETZUNG DER ARBEIT

Das Radialumformen wurde ursprünglich als ein rein kinematisches Formgebungsverfahren konzipiert. Dabei beschränkt sich das herstellbare Werkstückspektrum auf wellenartige, längsachsenbetonte Teile mit rotationssymmetrischem Querprofil. Ein zusätzlich installiertes Werkzeugwechselsystem schuf die Möglichkeit, die Werkzeuge durch Anpassung der Geometrie der ebenen Werkzeugwirkfläche (Werkzeuglänge und Werkzeugbreite) im Hinblick auf eine kurze Bearbeitungszeit und einen optimierten Werkstofffluß bestmöglich an die Bearbeitungsaufgabe anzupassen. Andrerseits erscheint es naheliegend, bei einer neuen Gruppe von Werkzeugen einen Teil der Information über die Werkstückgestalt in das Werkzeug zu integrieren. So entsteht das Radialumformen mit teilweiser Formbindung. Im Querprofil tritt dabei eine bezüglich der Profilform (z. B. Doppel-T-Querprofil) an das Werkzeug gebundene Gestalterzeugung auf, während die Abmessungen im Querprofil in bestimmten Grenzen von der Stößelposition und somit von der Maschinenbewegung abhängig sind. Das Längsprofil entsteht durch kinematische Gestalterzeugung, die von Manipulator- und Stößelposition bestimmt wird. Grundlage der Arbeit soll die Untersuchung der Herstellungsmöglichkeit verschiedener Profile und deren Zwischenformen mit einfachem Werkzeug unter teilweiser Formbindung zwischen Werkzeug und Werkstück sein. Der Werkstofffluß kann dabei anhand einfacher Beziehungen, die in Anlehnung an die Untersuchungen von Schey /48/ unter Berücksichtigung der Volumenkonstanz entstanden sind, abgeschätzt werden. Die Berechnung der Bearbeitungsdaten erfolgt in dieser Testphase noch manuell, während sich die Rechnerunterstützung lediglich auf die Umsetzung dieser Bearbeitungsdaten in NC-Daten beschränkt. Für jeden Arbeitshub müssen die Stößel- und Manipulatorpositionen berechnet und eingegeben werden. Die Analyse des Werkstoffflusses bei der Herstellung dieser Profile ist für eine automatisierte Arbeitsablaufplanerstellung unerläßlich. Für alle herstellbaren Profile werden daher bei verschiedenen Abmessungen in unterschiedlichen Schnittebenen anhand von Härtemessungen, geätzten Schliffen und mit der Methode der Visioplasticity, Werkstofflußuntersuchungen durchgeführt. Die Ergebnisse finden dann beim Aufbau des Arbeitsablaufplanungssystems für Sonderprofile Berücksichtigung, das, ausgehend von der geforderten Geometrie des Werkstücks, unter Berücksichtigung der Werkzeuggeometrie und der notwendigen Zwischenformen, die Bearbeitungsdaten zur Herstellung des Werkstücks auf der Radialumformmaschine erstellen soll.

4. HERSTELLUNG VON SONDERPROFILEN AUF DER RADIALUMFORMMASCHINE

Die Forderungen nach kostengünstiger Herstellung kleiner Stückzahlen, Werkstoffersparnis und hoher Festigkeit führen bei der Herstellung hochwertiger Bauteile in der metallverarbeitenden Industrie zur Entwicklung automatisierbarer Umformverfahren für kleine Stückzahlen. Für komplex geformte Geometrien erscheint eine Kombination von abformender und kinematischer Gestalterzeugung geeignet, um die oben genannten Forderungen durch niedrige Werkzeugkosten mit universell verwendbaren Werkzeugen, optimale Werkstoffausnutzung durch weitgehend umformende Bearbeitung bei minimaler spanender Nachbearbeitung und hohe Festigkeit durch ununterbrochenen Faserverlauf zu erfüllen. Im Abschnitt 2.3.1 wurden Möglichkeiten zur umformenden Herstellung von Sonderprofilen dargestellt. Für kleinere Stückzahlen kann das Rundkneten und das Radialumformen als geeignet angesehen werden. Zum Rundkneten wird eine weggebundene Vier-Stößel-Schmiedemaschine eingesetzt, die durch ihre Umformkinematik und die Werkzeugform im Längsprofil mit Einlaufschrägen und im Querprofil durch starke Formbindung bei geringen Eindringtiefen pro Hub, nur eine geringe Flexibilität möglich macht. Der Einsatz hydraulischer Pressen mit vierseitiger radialer Krafteinleitung zur umformenden Herstellung von Profilen beschränkte sich bisher darauf, mit einer konventionellen Presse eine Vorrichtung zur vierseitigen Krafteinleitung anzutreiben /48/. Infolge der raschen Entwicklung auf dem Gebiet der numerischen Steuerungen ist es bei der Radialumformmaschine RUMX 2000 gelungen, vier Hydraulikzylinder, die hydraulisch nicht miteinander zwangsgekoppelt sind, in eine nach dem Prinzip der radialen Krafteinleitung arbeitende Maschine einzusetzen und nach den Erfordernissen des Umformvorgangs zu steuern. Damit lassen sich große Umformwege bzw. Hubtiefen realisieren, um komplex geformte Querprofile (Sonderprofile) in wenigen Umformstufen herzustellen. Durch die servohydraulische Ansteuerung der Hydraulikzylinder besteht die Möglichkeit werkstoffflußoptimierende Kriterien bei sehr empfindlichen Werkstoffen mit je nach Wirkrichtung unterschiedlichen Stößelgeschwindigkeiten zu erfüllen.

Neben der Anpassungsfähigkeit des Antriebes der Schmiedemaschine ist zur Erzeugung der Sonderprofile unter Berücksichtigung der Forderungen nach Wirtschaftlichkeit und Flexibilität die werkzeuggebundene Anpassung erforderlich. Das Werkzeugwechselsystem der Radialumformmaschine leistet hier einen entscheidenden Beitrag. Auf diese Weise wird ein prozeßintegrierter Werkzeugwechsel während der Bearbeitung eines Werkstücks möglich. Das ursprüngliche Konzept der Maschine mit kinematischer Gestalterzeugung und ebenen Werkzeugwirkflächen wurde durch die Möglichkeit einer gebundenen Gestalterzeugung im Querprofil bei weiterhin kinematischer Gestalterzeugung im Längsprofil erweitert. Das somit mögliche Werkstückspektrum ist also direkt mit den Bewegungsmöglichkeiten der Maschine und mit der verfügbaren Werkzeuggeometrie verknüpft.

4.1 MÖGLICHKEITEN HERSTELLBARER PROFILE UND SONDERFORMELEMENTE

Der prozeßintegrierte Werkzeugwechsel schafft, abhängig von der Verfügbarkeit geeigneter Werkzeuge, eine große Formenvielfalt innerhalb des möglichen Werkstückspektrums. Die einzig grundlegende Einschränkung für die Geometrie des Querprofils ist die Forderung nach Symmetrie einander gegenüberliegender Werkzeuge, um bei der Umformung die durch den Manipulator fixierte Längsachse des Werkstücks nicht zu verändern. Daraus ergibt sich beim Zweiwerkzeugbetrieb im Querprofil eine einfache Achsensymmetrie, während beim Vierwerkzeugbetrieb zwei senkrecht zueinander stehende Symmetrieachsen vorhanden sind. Neben dieser maschinenseitig gegebenen Einschränkung ist für eine kostengünstige Flexibilität auch die Beschränkung auf einfache Formen der Werkzeugwirkfläche notwendig. Ihre Konturlinien im Querprofil sind in Bild 9 skizziert. Durch Kombination dieser Konturlinien entsteht die Grundform des Doppel-T-, des Doppel-Y- und des Kreuzprofils. Durch die axial versetzte Anordnung der ebenen Werkzeugwirkflächen ist die Herstellung eines exakten Rechteckquerprofils möglich /50/, das als Endform oder als Zwischenform für Doppel-T- bzw. Doppel-Y-Profile verwendet werden kann. Die Abmessungen des Rechteckquerprofils, also Breite und Höhe, ergeben sich aus den Abständen gegenüberliegender Werkzeuge bei der Hubendlage und der Schlüsselweite des Ausgangsachtecks, die größer sein muß als die Rechteckdiagonale.

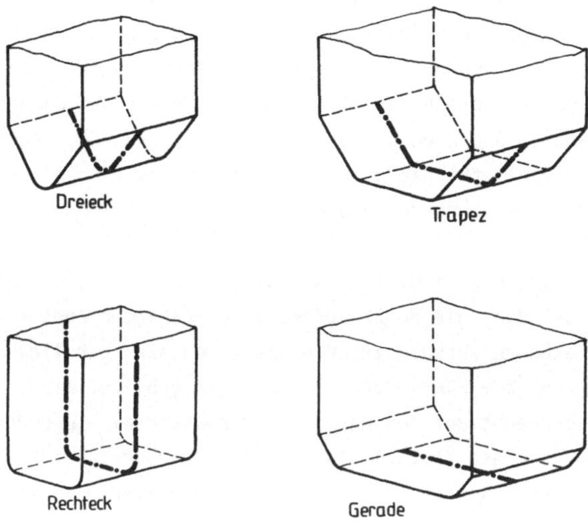

Bild 9: Werkzeugkonturlinien im Querprofil.

Bei der Herstellung des Doppel-T-Profils werden zum Ausformen des Mittelsteges bzw. der Innenkontur des Querprofils Rechteckkonturlinien verwendet, während die Rippen an der Außenseite von Werkzeugen gerader Konturlinien geformt werden. Zusätzlich zur Profilart ist beim Doppel-T-Profil die Breite des Mittelsteges ein werkzeuggebundenes Maß, während die Stegdicke und die Rippendicke von den Werkzeugbewegungen bzw. deren Endlagen abhängig sind. Die Rippenhöhe ist von der Höhe des Ausgangsrechtecks und von den Werkstoffflub- und Reibungsverhältnissen abhängig.

Das Doppel-Y-Profil schließlich entsteht aus der Kombination von Dreiecks- und Trapezkonturlinie, wobei das Trapez den Mittelsteg erzeugt und die Rippen zwischen Dreieck und Trapez entstehen. Die Breite des Mittelsteges ist auch in diesem Fall ein werkzeuggebundenes Maß. Die weiteren Abmessungen dieses Profils sind entsprechend den oben beschriebenen Zusammenhängen in gleicher Weise von der Stößelposition und der Ausgangsgeometrie abhängig.

Das Kreuzprofil entsteht durch die Verwendung von vier Dreieckskonturlinien, dabei wird nur die Art der entstehenden Form von der Konturlinie bestimmt. Die Abmessungen des Kreuzprofils sind, was den Schenkeldurchmesser bzw. die Kerndiagonale betrifft, von den Werkzeugbewegungen bzw. deren Endlagen abhängig. Die Schenkellänge ergibt sich aus dem Achteckausgangsdurchmesser, wobei für die genaue Berechnung der sich einstellende Werkstofffluß und die Reibungsbedingungen zu berücksichtigen sind.

Die Sonderprofile, die im Mittelpunkt dieser Arbeit stehen, zeichnen sich dadurch aus, daß die die Werkzeugform beschreibenden Konturlinien bei der Umformung eine Ebene aufspannen, die identisch bzw. parallel mit der Ebene ist, die durch die Werkzeugwirkrichtungen gebildet wird. Diese Ebene steht zudem senkrecht auf der Manipulatorlängsachse. Darüber hinaus ergibt sich, wenn diese Konturlinien um die Werkzeugwirkrichtung aus dieser Ebene herausgedreht werden, die Möglichkeit, tordierte Werkstückgeometrien zu erzeugen. In diesem Zusammenhang ist die Herstellung von Vorformen für Bewegungsgewinde, Extruderschnecken und Wendelbohrer denkbar.

4.2 WERKZEUGE

Die im vorigen Abschnitt erarbeiteten einfachen Konturlinien, sind im wesentlichen maßgebend für die Gestaltung der Werkzeuge zum Radialumformen von Sonderprofilen. Der Werkzeugsatz zum Schmieden von Rechteckquerprofilen (Bild 10) besteht aus einem Werkzeugpaar, das im Eingriffsbereich gegenüberliegend jeweils eine ebene, rechtwinklige Werkzeugwirkfläche besitzt. Dieses Werkzeugpaar ist einem einfachen Reckwerkzeug vergleichbar. Das andere Werkzeugpaar besitzt jeweils zwei dieser ebenen Wirkflächen, die links und rechts versetzt zum ersten Werkzeug im Eingriff sind. Dadurch wird es möglich, den durch die Breitung entstehenden Drang im selben Schmiededurchgang zurückzuschmieden /50/.

Der Werkzeugsatz zum Herstellen des Doppel-T-Profils (Bild 11) besteht zum einen aus zwei rechtwinkligen Quadern, die den Mittelsteg ausformen und zwei ebenen Werkzeugwirkflächen, die die Rippen gegen die Seiten des Stegwerkzeuges formen.

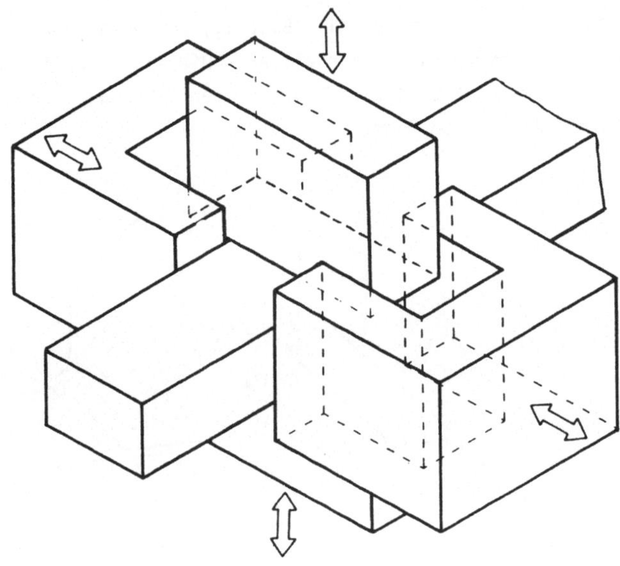

Bild 10: Werkzeug zum Schmieden von Rechteckquerprofilen.

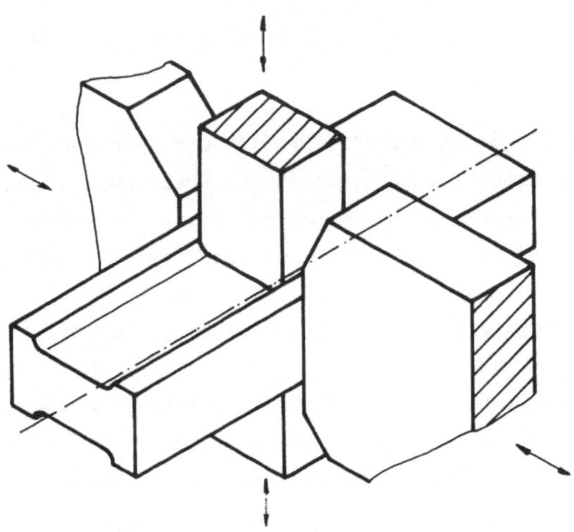

Bild 11: Werkzeug zum Schmieden von Doppel-T-Profilen.

Die Werkzeuge für das Kreuzprofil (Bild 12) bestehen im Wirkbereich aus einem Prisma mit einer Dreiecksgrundfläche. Die im Eingriff befindliche Spitze dieses Dreiecks besitzt bei den in den Versuchen verwendeten Ausführungen einen Radius von 5 mm.

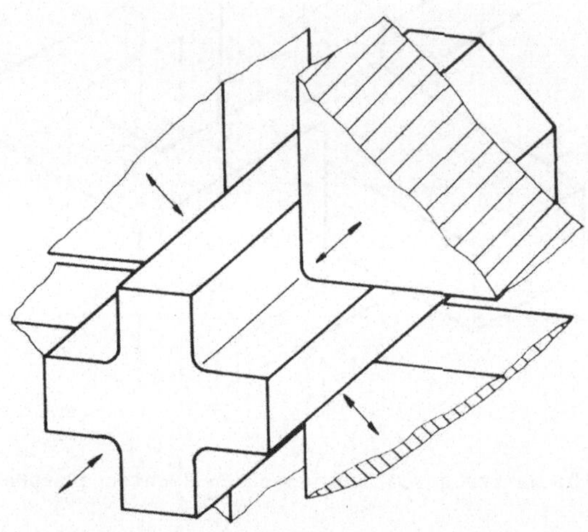

Bild 12: Werkzeug zum Schmieden von Kreuzprofilen.

Bei der Herstellung des Doppel-Y-Profils wird ein Werkzeugpaar eingesetzt, das mit dem Werkzeug zur Herstellung des Kreuzprofils identisch ist. Die Form des anderen Werkzeugpaares besteht aus einem Prisma, das eine Trapezgrundfläche besitzt. Dieses Werkzeugpaar mit der Trapezgrundfläche formt den Mittelsteg, während die Rippen mit dem Dreieckswerkzeug gegen die Schrägen der Trapezwerkzeuge geformt werden (Bild 13).

Die für die Versuche benützte Ausführung dieser Werkzeuge besitzt an den Kanten im Längsschnitt jeweils Rundungsradien mit einem Halbmesser von 5 mm. Für einen späteren industriellen Einsatz muß geprüft werden, ob die dabei entstehenden scharfkantigen Absätze beim Überschmieden nicht zu Rissen und Überfaltungen führen. Diese Gefahr läßt sich durch größere Radien im Längsprofil und durch sogenannte Ein- und Auslaufschrägen wesentlich vermindern. Diese Maßnahmen führen allerdings zu einer Einschränkung der Flexibilität in der Gestaltung des Längsprofils.

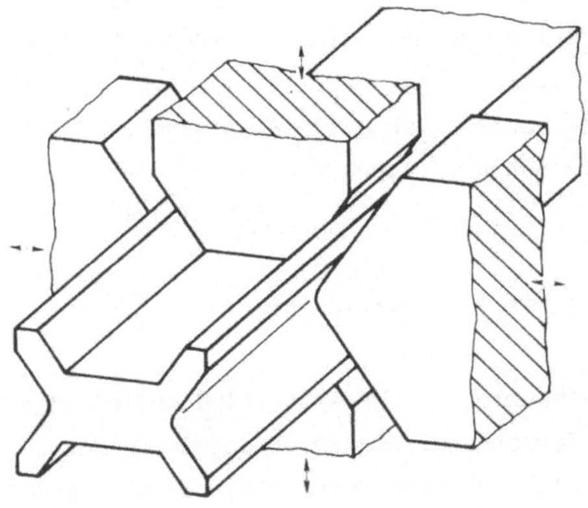

Bild 13: Werkzeug zum Schmieden von Doppel-Y-Profilen.

Ein kompletter Werkzeugsatz besteht aus vier Werkzeugen. Jedes der vier Werkzeuge ist wiederum geteilt ausgeführt. Das Werkzeugunterteil ist bei allen Werkzeugen bzw. Werkzeuggeometrien gleich. Es erfüllt zusammen mit dem hydraulischen Spannsystem der Maschine die Funktion "Fixieren der Werkzeuge im Arbeitsraum". Für die Handhabung des Werkzeugs durch den Manipulator des Werkzeugwechselsystems muß die Werkzeuggeometrie dem Greifer des Manipulators angepaßt werden. Als Werkstoff für das Werkzeug kann für das Unterteil ein relativ weicher, zäher Stahl zum Einsatz kommen. In die Trennfuge zwischen Werkzeugober- und Werkzeugunterteil kann bei Bedarf, z. B. beim Umformen bei erhöhter Temperatur, eine Zwischenschicht aus einem Werkstoff geringer Wärmeleitfähigkeit zur Isolation eingefügt werden.

Das Werkzeugoberteil wird durch die unterschiedliche Ausbildung der den verschiedenen Querprofilformen angepaßten Werkzeugwirkfläche bestimmt. Für eine gute Reproduzierbarkeit der Werkzeugpositionierung durch den Greifer des Werkzeugwechselsystems muß auch bei unterschiedlicher Wirkflächengeometrie jedes Werkzeug das gleiche Gewicht besitzen. Dies wird bei Werkzeugen mit kleiner Wirkfläche durch eine Werkstoffanhäufung im unteren Bereich des Oberteils verwirklicht. Für das Werkzeugoberteil können den Anforderungen der Wirkfläche angepaßte Werkzeugwerkstoffe verwendet werden, wobei hier insbesondere hochfeste, verschleißarme und ggf. warmfeste Werkzeugstähle in Betracht kommen. Die beiden Werkzeugteile können um die Achse der Werkzeugwirkrichtung gegeneinander verdreht werden. Dies stellt die werkzeugseitige Realisierung der im vorigen Abschnitt beschriebenen Schwenkbewegung der Werkzeugkonturlinien gegenüber der durch die Werkzeugwirkrichtungen aufgespannten Ebene dar.

4.3 ELEMENTARE THEORIE ZUM WERKSTOFFFLUß

Unter elementarer Theorie zum Werkstofffluß sollen in dieser Arbeit Betrachtungen und Berechnungsansätze verstanden werden, die, ausgehend von Werkzeug- und Werkstückausgangsgeometrie, unter Verwendung einfachster Modellansätze, welche größtenteils auf dem Gesetz der Volumenkonstanz beruhen, die Zusammen hänge zwischen Maschinenbewegung bzw. -Position und der entstehenden Werkstückgestalt beschreiben. Aufgrund der vierseitigen, radialen Krafteinleitung und der starken Umfassung des Werkstücks durch die Werkzeuge kann näherungsweise für die Berechnung der Gestalt des umgeformten Werkstücks von einem rein axialen Werkstofffluß ausgegangen werden. Bei der Behandlung des Werkstoffflusses nach der elementaren Theorie wird zwischen der Betrachtung des Querprofils und des Längsprofils unterschieden. Im Querprofil wird ein gleichmäßiger Werkstofffluß durch gleiche Umformgrade in den Haupteinflußzonen des betrachteten Querschnitts erzeugt. Die Haupteinflußzonen bestehen aus Gebieten, die den einzelnen Werkzeugwirkrichtungen aufgrund der Geometrie des Querprofils zugeordnet werden. Durch die Annahme des ausschließlich axialen Werkstoffflusses kann bei der Längsprofilbetrachtung die Volumenkonstanz für Doppel-T- und Doppel-Y-Profile in grober Näherung auf eine Flächenkonstanz in der Schnittebene reduziert werden. Weiterhin wird für die Betrachtung im Längsprofil vorausgesetzt, daß keine axialen Reaktionskräfte vom Manipulator auf das Werkstück ausgeübt werden, die zu einem Aufstauchen oder einem Ausknickvorgang zwischen Werkstückeinspannung und Werkzeugwirkfläche führen können. Beruhend auf diesen einfachen Modellvorstellungen wird es möglich, anhand von Werkzeuggeometrien, Rohteilabmessungen und Maschinenbewegungen die entstehende Werkstückgeometrie vorauszuberechnen und durch eine grobe Abschätzung einen auf das Querprofil bezogenen, gleichmäßigen Werkstofffluß in Längsachsenrichtung zu ermöglichen. Zusätzliche, ergänzende Informationen zum Werkstofffluß können in diesem Zusammenhang durch das Umformen geschichteter Plastilinproben gewonnen werden (Bild 14).

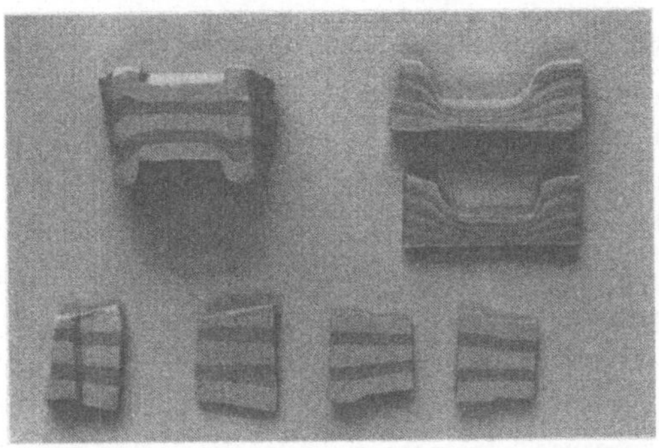

Bild 14: Voruntersuchungen zum Werkstofffluß mit geschichteten Plastilinproben.

4.3.1 Querprofil (homogene Umformung im Querschnitt)

4.3.1.1 Doppel-T-Profil

Das Doppel-T-Profil entsteht aus einem Rechteckquerprofil als Ausgangsform. Die Haupteinflußzonen der Werkzeuge lassen sich in Bild 15 erkennen.

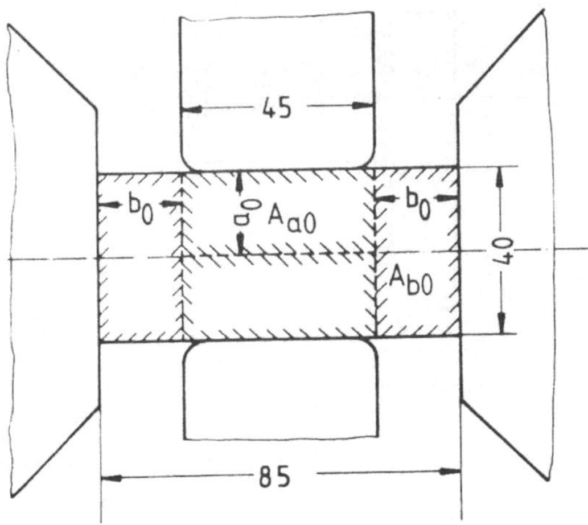

Bild 15: Haupteinflußzonen beim Doppel-T-Profil vor der Umformung.

Man unterscheidet die Einflußzonen des stegformenden und des rippenformenden Werkzeuges /48/. Die angestrebte, gleichmäßige Umformung über den gesamten Querschnitt erfordert unter der Voraussetzung eines rein axialen Werkstoffflusses für jede Einflußzone im Querschnitt den gleichen flächenbezogenen Umformgrad und somit gleiche relative Flächenveränderungen der einzelnen Bereiche. Weiterhin wird vereinfachend angenommen, daß die quer zur Werkzeugwirkrichtung liegenden Maße der Haupteinflußzonen konstant bleiben. Dieser Sachverhalt konnte bei den Vorversuchen mit geschichteten Plastilinproben bestätigt werden. Dadurch können die geforderten gleichen Flächenveränderungen auf gleiche Abmessungsreduzierungen der Einflußzonen in Werkzeugwirkrichtung vereinfacht werden. Damit ergibt sich der folgende in Bild 16 verdeutlichte Zusammenhang

$$\frac{b_0}{b_1} = \frac{a_0}{a_1} \qquad (1)$$

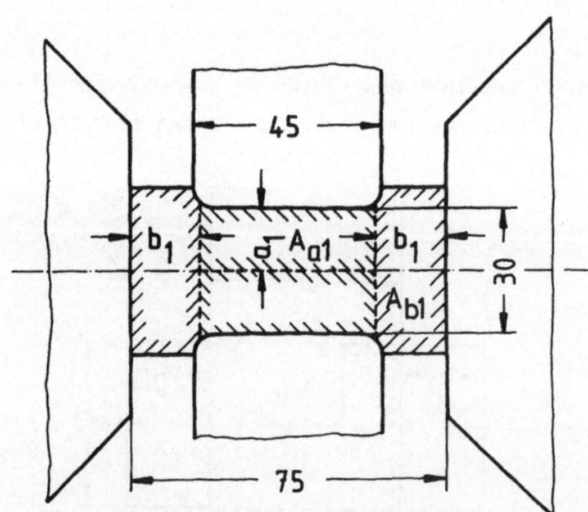

Bild 16: Haupteinflußzonen beim Doppel-T-Profil nach der Umformung.

Diese Forderungen lassen sich am besten erfüllen, wenn die relativen Abmessungsreduzierungen mit gleichen Umformwegen aller Stößel verwirklicht werden können. Diese Bedingung läßt sich wie folgt darstellen:

$$b_0 - b_1 = a_0 - a_1 . \tag{2}$$

Kann diese zusätzliche zweite Bedingung nicht eingehalten werden, muß ein asynchrones Auftreffen der Stößelpaare auf das Werkstück,und am Beginn des Umformvorgangs ein Umformen mit nur einem Werkzeugpaar in Kauf genommen werden, da mit der gegenwärtig verfügbaren Steuerung der Anlage beim Umformvorgang nur gleiche Geschwindigkeiten für alle vier Stößel realisierbar sind. Für den zeitlichen Ablauf eines Umformvorgangs bedeutet dies, daß das Werkzeugpaar mit dem größeren Umformweg zuerst auf das Werkstück auftrifft. Durch diesen anfänglichen Zwei-Werkzeug-Umformvorgang kann das ursprünglich rechtwinklige Ausgangsquerprofil verwölbt werden. Zusätzlich entsteht im Querprofil ein inhomogener Formänderungszustand. Die Realisierung unterschiedlicher Stößelgeschwindigkeiten während des Umformvorgangs beseitigt diese Nachteile. Die Erfüllung dieser Forderung bildet einen Schwerpunkt der derzeitigen steuerungstechnischen Aktivitäten an diesem Projekt. Die Information über die Stößelgeschwindigkeit muß dann in die Bearbeitungsdaten integriert werden. Damit wird der Aufwand für die NC-Satz-Erstellung wesentlich erweitert.

Die Forderung nach gleicher relativer Abmessungsreduzierung führt ausgehend vom Querprofil des umgeformten Teils auf die Geometrie des Werkstücks vor diesem Umformschritt. Die Rippenbreite vor der Umformung ergibt sich aus folgender Beziehung

$$b_0 = \frac{a_1 a_0 - a_0^2}{a_1 - a_0} \quad = a_0 \tag{3}$$

Addiert man die Rippenbreiten links und rechts vor der Umformung und die Steghöhe, ergibt sich daraus die Breite des Ausgangsrechteckquerprofils. Die Höhe des Rechteckausgangsquerprofils entspricht der Rippenhöhe des fertig umgeformten Doppel-T-Profils.

4.3.1.2 Doppel-Y-Profil

Für die Herstellung des Doppel-Y-Profils sind in gleicher Weise wie für das Doppel-T-Profil die Maschinenpositionen bzw. -bewegungen, die Ausgangsform und ggf. die umgeformte Geometrie so zu bestimmen, daß die einzelnen Einflußzonen gleichmäßig umgeformt werden und so, beruhend auf der Volumenkonstanz, gleiche relative Flächenveränderungen im Querschnitt entstehen. Es soll aufgrund der starken Umfassung des Werkstückquerprofils durch die Werkzeuge wiederum vom rein axialen Werkstofffluß ausgegangen werden. Weiterhin wird für das Doppel-Y-Profil vereinfachend vorausgesetzt, daß das Umfassungsrechteck des entstehenden Doppel-Y-Profils dem Ausgangsrechteckquerprofil entspricht.

Beim Doppel-Y-Profil lassen sich die Einflußzonen entweder werkzeug- oder werkstückbezogen bestimmen. Bei der werkzeugbezogenen Einteilung der Einflußzonen (Bild 17) wird das Ausgangsrechteckquerprofil aufgrund vorhande-

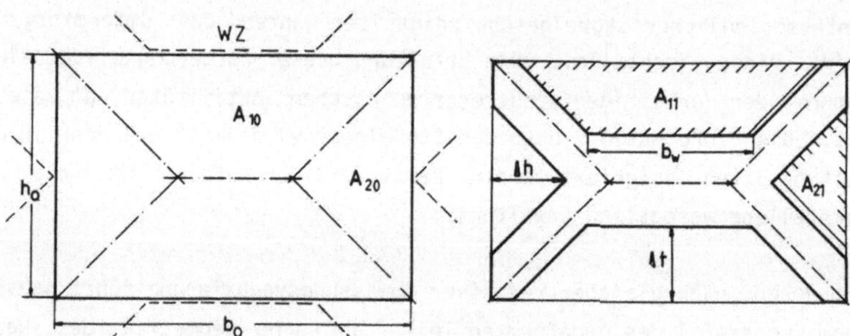

Bild 17: Werkzeugbezogene Einflußzonen beim Doppel-Y-Profil.

ner Symmetrieeigenschaften und der Werkzeugform in zwei Dreiecksflächen und zwei Trapezflächen geteilt. Die Grenzen der Einflußzonen bleiben während der Umformung näherungsweise unverändert. Gleiche Flächenveränderungen in diesen Gebieten lassen sich wie folgt darstellen:

$$\frac{A_{10}}{A_{11}} = \frac{A_{20}}{A_{21}}. \qquad (4)$$

Daraus ergibt sich dann eine Beziehung zwischen den Eindringtiefen (bzw. den Hublagen), den werkzeuggebundenen Maßen und dem Ausgangsquerprofil.

$$\Delta h = \sqrt{\frac{h_0 \; (\Delta t^2 + b_w \Delta t)}{2b_0 - h_0}} . \qquad (5)$$

Dieser einfache Ansatz ist geeignet, um die Formänderungen über das gesamte Querprofil durch entsprechende Wahl der sogenannten Seiteneindringtiefe Δh möglichst gleichmäßig zu gestalten.

Das Hauptmerkmal der werkstückbezogenen Betrachtungsweise besteht darin, den Querprofilelementen Rippe und Steg, unabgängig vom Werkzeug, gleiche Umformgrade zuzuordnen. So entstehen die in Bild 18 gezeigten Haupteinflußzonen für Steg und Rippe. Auf diese Weise soll verhindert werden, daß

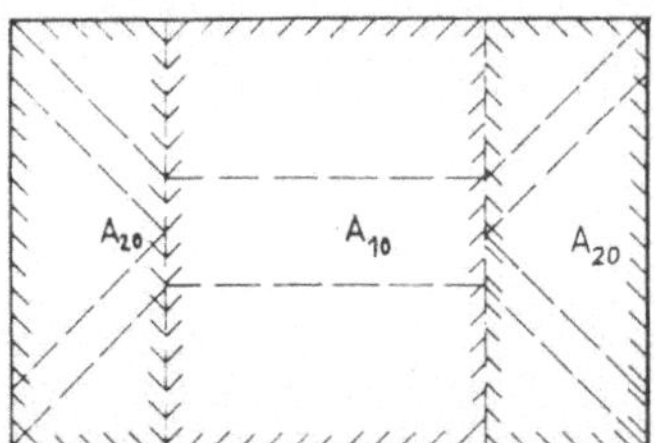

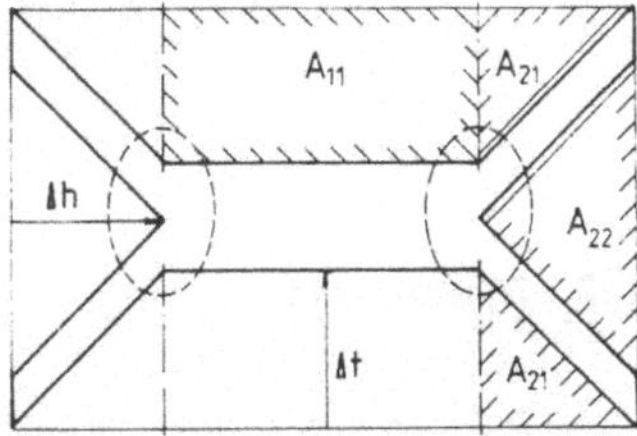

Bild 18: Werkstückbezogene Einflußzonen beim Doppel-Y-Profil.

im Übergangsbereich zwischen Rippe und Steg unzulässig große Schubspannungen durch Scherbeanspruchung aufgrund unterschiedlichen axialen Werkstoffflusses entstehen. Für Steg- und Rippenbereich müssen dann gleiche Verhältnisse der Flächen vor und nach der Umformung realisiert werden.

$$\frac{A_{20}}{2A_{21} + A_{22}} = \frac{A_{10}}{2A_{11}} \qquad (6)$$

Daraus ergibt sich eine werkstoffflußoptimierte Höhe des Seitendreiecks

$$\Delta h = \sqrt{\Delta t \; (b_0 - b_w) - \Delta t^2} . \qquad (7)$$

Die so bestimmte Seitendreieckshöhe bzw. Eindringtiefe der Dreieckswerkzeuge muß neben der Überprüfung auf Kollisionsfreiheit auch dahingehend überprüft werden, ob die geometrischen Grundvoraussetzungen eingehalten werden. Diese geometrischen Grundvoraussetzungen beinhalten, daß das umschreibende Rechteck des Doppel-Y-Profils, das sogenannte Umfassungsrechteck, mit dem Ausgangsrechteckquerprofil übereinstimmt. Nur unter dieser Voraussetzung ist eine grobe Vorausabschätzung des Werkstoffflusses möglich, die, auf der Volumenkonstanz und dem rein axialen Werkstofffluß basierend, brauchbare Ergebnisse liefert. Außerdem muß die Trennung zwischen Rippen- und Stegbereich exakt eingehalten werden, da sonst, wenn beispielsweise das Dreieckswerkzeug in den Stegbereich hineinragt, hier ein Gebiet sehr hoher Formänderung entsteht: das kann über den gesamten Querschnitt betrachtet, zu unzulässigen Inhomogenitäten führen.

4.3.1.3 Kreuzprofil

Bei der Herstellung des Kreuzprofils auf der Radialumformmaschine dringen vier gleiche Werkzeuge mit Dreieckskontur auf bezüglich der Werkzeugmittellängsachse gleiche Endpositionen in ein Achteckprofil ein (Bild 19). In

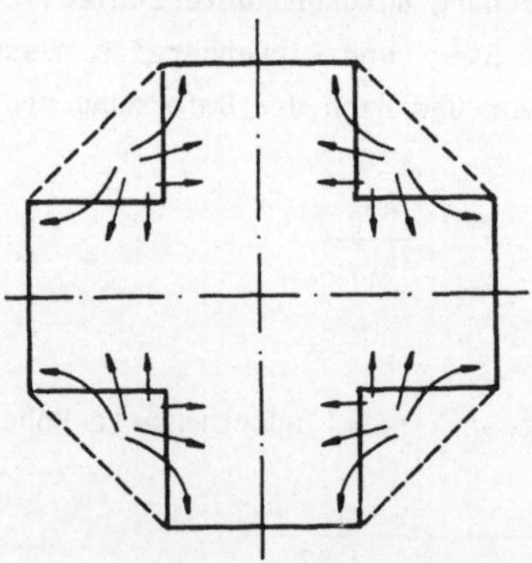

Bild 19: Stofffluß Kreuzprofil.

diesem Fall ist es nicht ohne weiteres möglich, durch entsprechende Wahl von Ausgangsquerprofil und Eindringtiefe der Werkzeuge, die durch die gegebenen Werkzeug- und Werkstückgeometrien im Querprofil vorliegende, relativ gleichmäßige Formänderungsverteilung weiter zu verbessern. Die größte radiale Ausdehnung des Kreuzprofils ist von der Schlüsselweite des Ausgangsachtecks und von den Reibungsverhältnissen in der Wirkfuge zwischen Werkzeug und Werkstück abhängig. Es kann jedoch aufgrund der Vorversuche mit Plastilin als gesichert angenommen werden, daß die maximale radiale Ausdehnung des Kreuzprofils größer als die Schlüsselweite des Ausgangsachtecks ist. Der Eindringvorgang läßt sich in zwei Phasen gliedern, wobei im ersten Abschnitt dieses Eindringvorgangs der Werkstoff aufgrund der geringeren Umschließung des Werkstücks durch das Werkzeug anfänglich stark radial nach außen abfließt, bis in der zweiten Phase die wachsende Eindringtiefe der Werkzeuge für eine größer werdende Umschließung sorgt und schließlich so zu einem rein axialen Werkstofffluß führt.

4.3.1.4 Rechteckquerprofil

Zur Herstellung von exakten Rechteckquerprofilen gibt es vier verschiedene Möglichkeiten (Bild 20). Beim reinen Recken mit zwei Werkzeugen muß im folgenden Schmiededurchgang der Drang zurückgeschmiedet werden. Dieses Verfahren ist sehr zeitaufwendig. Beim Schmieden von Rechteckquerprofilen mit vier Werkzeugen, deren Wirkrichtung in einer Ebene liegen, kann mit einem Werkzeugsatz nur eine Profilabmessung exakt geschmiedet werden, es sei denn, es besteht die Möglichkeit einer Werkzeugquerverstellung, wobei dies einen sehr hohen technischen Aufwand erfordert /51/. Die für die Radialumformmaschine realisierte Werkzeugvariante zum Schmieden von exakten Rechteckquerprofilen /50/ besitzt, wie beschrieben, in Arbeitsrichtung versetzte Wirkflächen. Die starke Umschließung des Werkstücks durch die Werkzeuge sorgt für einen rein axialen Werkstofffluß. Die Eckpunkte des zu erzeugenden Rechteckquerprofils sollten auf der Außenkonturlinie des Achteckzwischenformquerprofils liegen, wie in Bild 21 dargestellt. Liegen diese Eckpunkte des Rechteckquerprofils zu weit innerhalb des Achteckquerprofils, treten beim Einsatz der Werkzeuge mit versetzten Wirkflächen an den

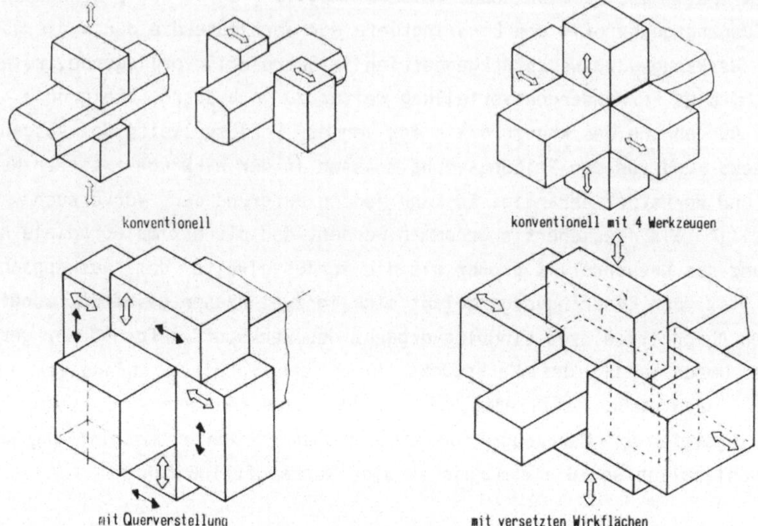

Bild 20: Herstellungsmöglichkeiten von Rechteckprofilen.

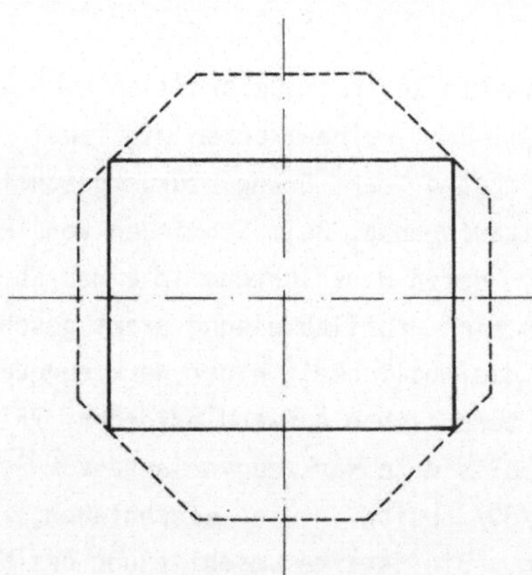

Bild 21: Entstehung Rechteckquerprofil aus Achteck.

Ecken, wo sich die Einflußzonen der Werkzeuge überschneiden, sehr starke Scherungen auf. Die Diagonale des Rechtecks soll also in etwa dem Inkreisdurchmesser des Achtecks entsprechen.

4.3.2 Elementare Theorie im Längsprofil

Die Geometrie des umgeformten Werkstücks im Längsprofil läßt sich unter Berücksichtigung der Volumenkonstanz unter Einbeziehung des axialen, also längsachsenorientierten Werkstoffflusses, entwickeln. Dabei sind neben dem entsprechenden Querprofil des Werkstücks und der Ausgangsgeometrie im Längsprofil die Werkzeuggeometrie und die Werkzeugposition sowie die Längsbewegung des Werkstücks von Umformschritt zu Umformschritt (Vorschub) wichtige Einflußgrößen. Zur Berechnung der entstehende Werkstücklängskontur bildet die Annahme eines ebenen Formänderungszustandes in ausgewählten Längsschnittebenen eine wesentliche Vereinfachung und läßt, wie im nächsten Abschnitt beschrieben wird, eine exakte Beschreibung dieser entstehenden Konturlinie zu. Dieser ebene Formänderungszustand liegt in guter Näherung, wie Vorversuche mit geschichteten Plastilinproben gezeigt haben, im schmalen Mittellängsschnitt (Bild 22) des Doppel-T-Profils vor. Wesentlich aufwendiger gestaltet sich die Bestimmung der Außenkontur,

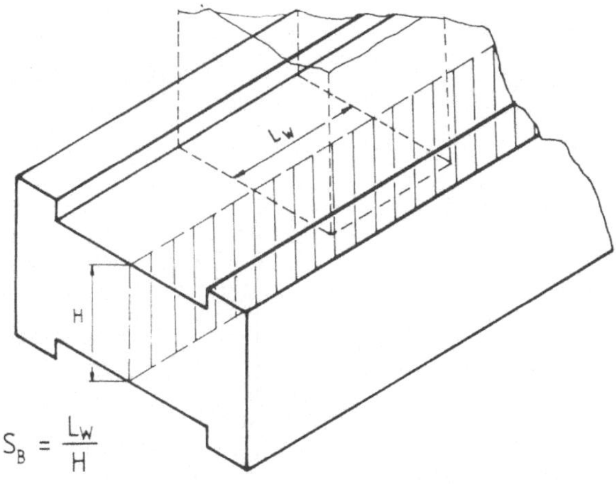

Bild 22: Schmaler Mittellängsschnitt beim Doppel-T-Profil.

wenn in der Schnittebene ein räumlicher Formänderungszustand vorliegt. Die Annahme eines axialen Werkstoffflusses (nur auf den gesamten Vorgang und auf die Ausbildung der Geometrie bezogen) läßt eine Abschätzung (z. B. beim Kreuzprofil) der Geometrie freier Oberflächen zu, wobei die Konturlinie im Längsschnitt durch Geraden angenähert wird (Bild 25). Sind Abweichungen vom rein axialen Werkstofffluß, wie beispielsweise durch mangelnde Umschließung des Werkstücks durch das Werkzeug vorhanden, müssen, abhängig von dem verbleibenden axialen Werkstoffflußanteil, die berechneten Konturlinien entsprechend korrigiert werden.

4.3.2.1 Werkstofffluß axial

Die Berechnung der Längskontur beim Doppel-T-Profil im schmalen Mittellängsschnitt, unter Annahme von axialem Werkstofffluß und ebener Formänderung, soll als Beispiel einer Außenkonturlinienbestimmung dargestellt werden. Durch die Annahme des ebenen Formänderungszustandes reduziert sich die Volumenkonstanz auf eine Flächenkonstanz in der Schnittebene. Zuerst soll der Fall des ersten Eindringens des Werkzeuges in das Werkstück, der sogenannte Ersthub (Einstechhub) behandelt werden. Die Verhältnisse dabei sind in Bild 23 dargestellt.

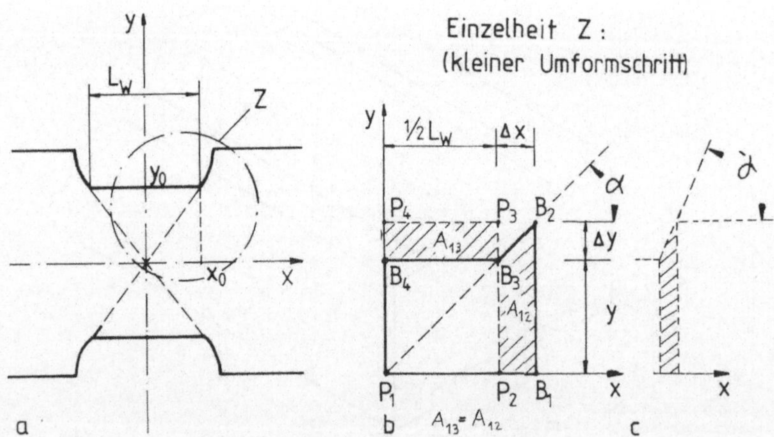

Bild 23: Idealisierter Werkstofffluß im schmalen Mittellängsschnitt (Ersthub).

Beruhend auf den Werkstoffflußuntersuchungen von Paukert /14/ für rotationssymmetrische Querprofile, die radial umgeformt werden, wird angenommen, daß die Linie P_2,P_3 beim Umformvorgang zwar in ihrer Lage axial verschoben wird (Linie B_1,B_2), ansonsten aber weder in ihrer Länge noch in ihrer Gestalt verändert wird. Durch das Eindringen des Stempels um Δy in das Werkstück entsteht aus der Fläche A_{11}, die durch die Punkte P_1,P_2,P_3,P_4 markiert wird, die Fläche A_{22} (P_1,B_1,B_2,B_3,B_4), die den gleichen Flächeninhalt besitzt. Da die Fläche A_{12} (P_1,P_2,B_3,B_4) eine Teilfläche beider Flächen ist, können die Flächen A_{13} (B_4,B_3,P_3,P_4) und A_{23} (P_2,B_1,B_2,B_3) von ihrem Flächeninhalt her gleichgesetzt werden. Für kleine Wege Δy kann der Kurvenverlauf der Kontur von B_3 nach B_2 als Gerade angenommen werden; dann ergeben sich zur Berechnung der Steigung der Geraden für kleine Bereiche folgende Zusammenhänge:

$$0{,}5\ L_w \Delta y = 0{,}5\ (2y + \Delta y)\,\Delta x \qquad (8)$$

$$L_w \Delta y = 2y\,\Delta x \qquad \Delta y\,\Delta x \longrightarrow 0 \qquad (9)$$

$$\frac{\Delta x}{\Delta y} = \frac{L_w}{2y}\,. \qquad (10)$$

Ersetzt man nun Δx und Δy durch dx und dy,

$$\frac{dy}{dx} - \frac{2y}{L_w} = 0 \qquad (11)$$

$$0{,}5\ L_w \frac{dy}{y} = dx\,. \qquad (12)$$

Die Lösung der Differentialgleichung ergibt:

$$0{,}5\ L_w \ln y = x + C \qquad C = \text{Integrationskonstante} \qquad (13)$$

$$C = 0{,}5\ L_w \ln y_0 - x_0 \qquad (14)$$

$$y = e^{\left(\frac{x + C}{0{,}5\ L_w}\right)} \qquad (15)$$

Dadurch läßt sich der in Bild 23 skizzierte Kurvenverlauf für die Konturlinie der freien Oberfläche berechnen.

Für den Konturlinienverlauf beim ersten Folgehub ergeben sich bei einer exakten Behandlung sehr komplizierte Verhältnisse. Es erscheint daher zweckmäßig, eine vereinfachte Betrachtung anzustellen, bei der die freie Oberfläche, die durch ihre Konturlinien im Längsschnitt repräsentiert ist, durch Geradenabschnitte beschrieben wird. Die Zusammenhänge zur Ermittlung der Längsschnittgeometrie sollen anhand von Bild 24 entwickelt werden. Ent-

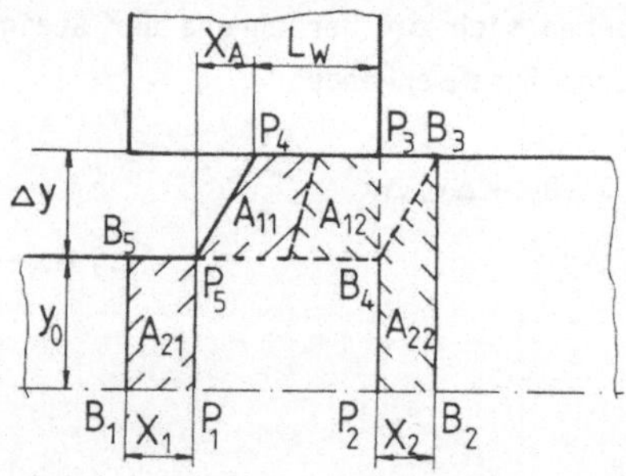

Bild 24: Idealisierter Werkstofffluß im schmalen Mittellängsschnitt (Folgehub).

sprechend den Verhältnissen beim Ersthub sind die Flächen A_{11} und A_{12} den Flächen A_{21} und A_{22} gleichzusetzen. Der linke, äußere Werkzeugberührpunkt wandert beim Eindringvorgang von P_4 nach B_5. Die Fließscheide zwischen dem Werkstofffluß axial nach links und axial nach rechts befindet sich in der Mitte der Werkzeugauflage, wenn störende Randbedingungen, wie ungleichmäßige Reibung und Manipulatoreinfluß, vernachlässigt werden. Somit ist im einzelnen die Fläche A_{11} der Fläche A_{21} und die Fläche A_{12} der Fläche A_{22} gleichzusetzen:

$$A_{11} = A_{21} \Longrightarrow \left(\frac{2\,L_W + x_A}{2}\right) \frac{\Delta y}{2} = y_0 \, x_1 \tag{16a}$$

$$A_{12} = A_{22} \Longrightarrow \left(\frac{2\,L_W + x_A}{2}\right) \frac{\Delta y}{2} = \left(\frac{2\,y_0 + y}{2}\right) x_2 \,. \tag{16b}$$

Dies führt dann auf die Beziehungen für die axiale Längung nach links und die axiale Längung nach rechts beim ersten Folgehub:

$$x_1 = (2 L_w + x_A) \frac{\Delta y}{4 y_0} \tag{17a}$$

$$x_2 = (\frac{2 L_w + x_A}{2 y_0 + \Delta y}) \frac{\Delta y}{2} . \tag{17b}$$

Dieser vereinfachte Ansatz kann die Verhältnisse hinreichend genau bestimmen und wird auch später in der Arbeitsablaufplangenerierung verwendet. In diesem Zusammenhang soll erwähnt werden, daß bei den Betrachtungen des Werkstoffflusses nach der elementaren Theorie weder der Einfluß der Werkzeugradien noch die störende Wirkung des Manipulators durch die Behinderng des Werkstoffflusses in Manipulatorlängsrichtung berücksichtigt wird.

Die elementare Betrachtung des Werkstoffflusses bei Sonderprofilen für den räumlichen Formänderungszustand und für rein axialen Werkstofffluß ermöglicht auf der Basis der Volumenkonstanz auch für Profilformen, die keine Schnittebenen mit ebenem Formänderungszustand besitzen, eine Abschätzung der entstehenden Werkstückgestalt. Zur exemplarischen Behandlung bietet sich hier als einfaches Beispiel das Kreuzprofil an. Die Ausgangsgeometrie besteht aus einem Prisma und einem regelmäßigen Achteck als Grundfläche. In dieses Achteckprisma dringen die Dreieckswerkzeuge ein, deren Länge für diesen konstruierten Modellfall der Länge des Prismas entspricht. Weiterhin wird vorausgesetzt, daß die Stirnflächen des Prismas bei der Umformung nur axial verschoben werden und dabei eben bleiben (Bild 25).
Das durch die Dreieckswerkzeuge verdrängte Volumen (V_{11}) ist beim Ersthub den links und rechts dazukommenden Volumenanteilen ($V_{12} + V_{13}$) gleichzusetzen. Daraus ergeben sich dann folgende Zusammenhänge für die Längung des Formelements:

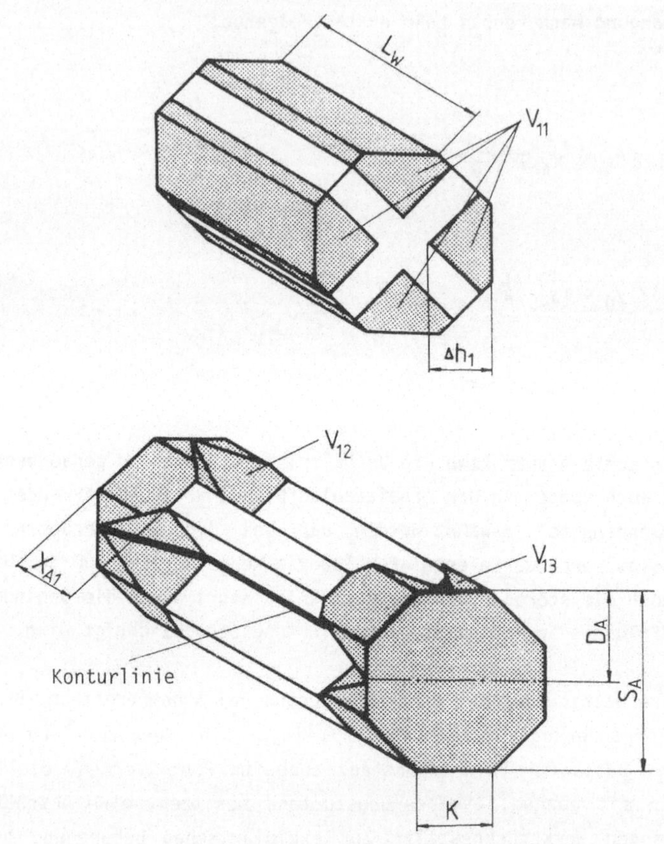

Bild 25: Werkstofffluß beim Kreuzprofil (Ersthub).

$$V_{11} = V_{12} + V_{13} = 2\,\Delta h_1\,(\Delta h_1 + K)\,L_W - (K/2)^2\,L_W \qquad (18a)$$

$$x_{A1} \approx V_{11} \;/\; 8\,(K \cdot D_A - \Delta h_1^2/3 + (\Delta h_1 - K/2)^3/(6\,\Delta h_1)) \qquad (18b)$$

Beim Folgehub wird ein Volumenelement umgeformt, das zum einen aus einem Achteckprisma (V_{21}) und zum anderen aus Übergangselement Achteck-Kreuz (V_{22}) besteht. Dieses Übergangselement Achteck-Kreuz ist beim Ersthub jeweils links und rechts vom Werkzeug entstanden. Das durch den Folgehub verdrängte Volumen wird wiederum links und rechts entsprechend den Randbedingungen angesetzt (Bild 26). Für die Berechnung wird vereinfachend vorausgesetzt, daß die verdrängten Volumina, die nach links und nach rechts fließen, jeweils gleich groß sind. Durch Gleichsetzen des verdrängten Volumenanteils mit dem entstehenden Volumenanteil ergeben sich die folgenden Zusammenhänge für die Längungen nach links und nach rechts beim ersten Folgehub:

$$V_{21} = 4\,(D_A^2 - K^2/4)\,L_{wv}$$

$$V_{22} = V_{vor}/2$$ (ist gleich der Hälfte des beim vorigen Hub verdrängten Volumens) (19a)

$$V_{25} = 4\,(D_A^2 - (\Delta h_1 + K/2)^2/2)\,(L_{wv} + x_{A0})$$ (verbleibt nach dem Umformvorgang unter dem Werkzeug)

$$x_{A1} \approx \frac{V_{21} + V_{22} - V_{25}}{8\,(K \cdot D_A - \Delta h_1^2/3 + (\Delta h_1 - K/2)^3/\,(6\,\Delta h_1))} \qquad (19b)$$

$$x_{U1} = \frac{V_{21} + V_{22} - V_{25}}{8D_A^2 - 4\,(\Delta h_1 + K/2)^2}. \qquad (19c)$$

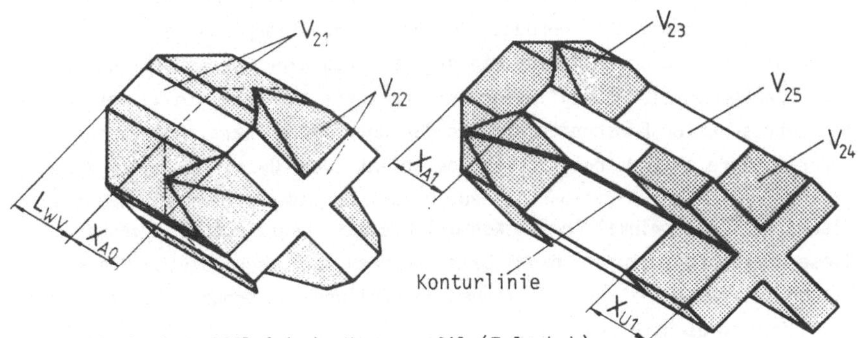

Bild 26: Werkstofffluß beim Kreuzprofil (Folgehub).

4.3.2.2 Abweichungen vom axialen Werkstofffluß

In den vorhergehenden Abschnitten war der rein axiale Werkstofffluß bei der Umformung des Werkstücks eine Grundvoraussetzung zur Bestimmung der entstehenden Werkstückgestalt. Inwieweit diese idealisierte Annahme zutrifft, ist neben Reibungseinflüssen hauptsächlich von der Werkzeuggeometrie und der Lage der Werkzeuge relativ zum Werkstück abhängig. Aus dem Freiformschmiedebereich ist bekannt, daß die freie Breitung mit steigendem Bißverhältnis abnimmt. Beim Radialumformen ist das Verhältnis von axialem zu radialem Werkstofffluß unter anderem vom Grad der Umschließung des Werkstückquerprofils durch die Werkzeuge abhängig /14/. Das Umschließungsverhältnis kann im Querprofil als Verhältnis von werkzeugbeaufschlagter Konturlinienlänge zur Gesamtkonturlinienlänge bestimmt werden. Je größer dieses Umschließungsverhältnis ist, desto stärker ist der Werkstofffluß axial orientiert. Abweichungen vom rein axialen Werkstofffluß führen zu einer radialen Werkstoffflußkomponente und einem verminderten axialen Werkstofffluß. Die dadurch kleiner werdenden Volumenanteile, die axial links und rechts wegfließen, führen dazu, daß im Längsprofil der Flankenwinkel des verdrängten Werkstoffs steiler wird (Bild 23 c).

Ein radialer Werkstoffflußanteil kann bei der Vorausbestimmung der nach der Umformung entstehenden Umformgeometrie durch einen Korrekturbeiwert berücksichtigt werden, der vereinfacht gesagt, im Querprofil die freien Oberflächen mit zusätzlichem Werkstoff beaufschlagt, während die Flankenwinkel des wegfließenden Werkstoffs im Längsprofil steiler werden.

Diese Zusammenhänge können bei der Herstellung des Kreuzprofils, bei dem sich, während des Eindringvorgangs das Umschließungsverhältnis ändert, sehr gut verdeutlicht werden. Am Beginn des Eindringvorgangs entsteht durch die geringe Umschließung ein starker radialer Werkstoffflußanteil. Der Flankenwinkel des wegfließenden Werkstoffs ist sehr steil, was zu einer sehr scharfen Einschnittkante an der Oberfläche führt. Mit zunehmender Eindringtiefe am Ende des Arbeitshubs, nimmt das Umschließungsverhältnis und das momentane Bißverhältnis zu. Daraus resultiert dann ein wesentlich flacherer Flankenwinkel in der Konturlinie des wegfließenden Werkstoffs. Diese Erkenntnis wurde sowohl beim Umformen von geschichteten Plastilinproben, wie auch bei der umformenden Herstellung von Kreuzprofilen auf der Radialumformmaschine bestätigt.

5. VERFAHRENSANALYSE

Die Verfahrensanalyse zur Herstellung von Sonderprofilen durch Radialumformen soll, nachdem die vereinfachte elementare Betrachtung eine grobe Vorausbestimmung der entstehenden Geometrie ermöglicht, Informationen zum Umformvorgang im Inneren des Werkstücks bereitstellen. Auf diesem Wege werden die Voraussetzungen geschaffen, den Arbeitsablaufplan so zu gestalten, daß das umgeformte Werkstück neben der erforderlichen Geometrie auch Qualitätsanforderungen wie Durchschmiedung bis in den Kern, gleichmäßige Formänderung und optimaler, ununterbrochener Faserverlauf erfüllen kann. Zur Ermittlung von Formänderungen werden die visioplastische Methode und, bei für diese Methode nicht zugänglichen Werkstückbereichen, Härtemessungen verwendet. Der Faserverlauf wird mit metallographischen Schliffen verdeutlicht.

5.1 VISIOPLASTISCHE UNTERSUCHUNGEN

Die Methode der Visioplasticity /52/, ein experimentell-theoretisches Verfahren der Plastomechanik, leistet einen bedeutenden Beitrag bei der Bestimmung komplizierter Stoffflußcharakteristika, die durch modellmäßige Ansätze nur schwer zu beschreiben sind. Dabei wird die Werkstoffbewegung anhand der Veränderung von Werkstoffmarkierungen erkennbar gemacht. Diese Werkstoffmarkierungen müssen nach der Umformung ihrer ursprünglichen Lage eindeutig zuzuordnen sein, um so deren Lageänderungen (Verschiebungen) im Verlauf des Umformvorgangs zu erfassen. Die Werkstoffmarkierungen können in geeigneten Schnittebenen des Werkstücks als mechanisch eingeritzte Netzlinien mit konstantem Abstand aufgebracht werden. Das Werkstück muß an dieser Schnittebene geteilt werden, um die Markierungen anzubringen. Danach wird es zur Umformung wieder zusammengespannt. Die Auswertung der Versuche erfolgt anhand der Verschiebung der Netzknotenpunkte, deren Position nach dem Umformvorgang mit einem Meßmikroskop bestimmt wird. Für die visioplastische Methode ist als Schnittebene im Werkstück eine Teilungsebene zu wählen, die den Umformvorgang gegenüber einem ungeteilten Werkstück möglichst wenig verändert. Diese Forderung läßt sich am besten mit einer Symmetrieebene als Teilungsebene verwirklichen, in der bei der

Umformung überwiegend Druckspannungszustände auftreten, da in der Teilfuge keine Zugspannungen und nur zu einem beschränkten Teil Schubspannungen übertragen werden können. Die Auswertung mit dem Meßmikroskop kann nur zweidimensional erfolgen. Daher ist es erforderlich, daß die Schnittebenen während der Bearbeitung eben bleiben. Diese Bedingung ist in jedem Fall erfüllt, wenn die ausgewählten Ebenen vor und nach dem Umformvorgang Symmetrieebenen bleiben. Bei der Untersuchung des Werkstoffflusses für rotationssymmetrische Querprofile /53/ wurde mit der Methode der Visioplasticity der Werkstofffluß ermittelt und dabei der Einfluß des Bißverhältnisses und der Eindringtiefe auf die sich ergebende Formänderungsverteilung erfaßt. Der instationäre Umformvorgang beim Radialumformen wurde in mehrere Stufen des Eindringvorgangs unterteilt. Das durch den Umformvorgang verzerrte Liniennetz wurde nach jeder Stufe ausgemessen.

Die Werkstoffflußuntersuchungen für Sonderprofile mit der Methode der Visioplasticity wurden nach dem gleichen Prinzip ausgeführt. Die zu untersuchenden Querschnittsformen wurden in geeignete Symmetrieebenen (Bild 27) geteilt und mit einem orthogonalen, äquidistanten, mechanisch aufgebrachten Liniennetz (Netzlinienabstand 2,5 mm) versehen und schrittweise

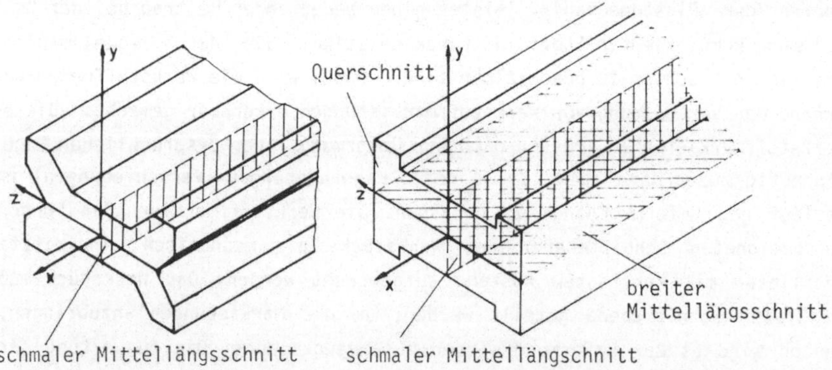

Bild 27: Schnittebenen für visioplastische Untersuchungen

mit wachsender Eindringtiefe der Werkzeuge umgeformt. Zur Umformung wurden die Proben, um den störenden Einfluß der Trennfuge möglichst klein zu halten, mit Klammern zusammengespannt. Nach jedem Umformschritt erfolgte die Vermessung des durch die Umformung verzerrten Liniennetzes. So erhält man für jeden Umformschritt die Koordinaten der Netzpunkte. Bild 28 zeigt die verzerrten Netzlinien von zwei senkrecht aufeinanderstehenden Symmetrieebenen am Beispiel des Doppel-T-Profils. Aus jeweils vier Knotenpunktskoordinaten, die ein Flächenelement beschreiben, wurden die Flächeninhalte dieser Elemente bestimmt und mit den Flächen der im Ausgangszustand quadratischen Elemente ins Verhältnis gesetzt. Die im Bild 28 enthaltenen Zahlenwerte geben die prozentuale Zu- bzw. Abnahme des Flächeninhalts dieser Elemente während der Umformung an. Bei negativen Zahlenwerten fließt der Werkstoff von den betrachteten Flächenelementen senkrecht weg, bei positiven Werten fließt er auf diese Elemente zu.

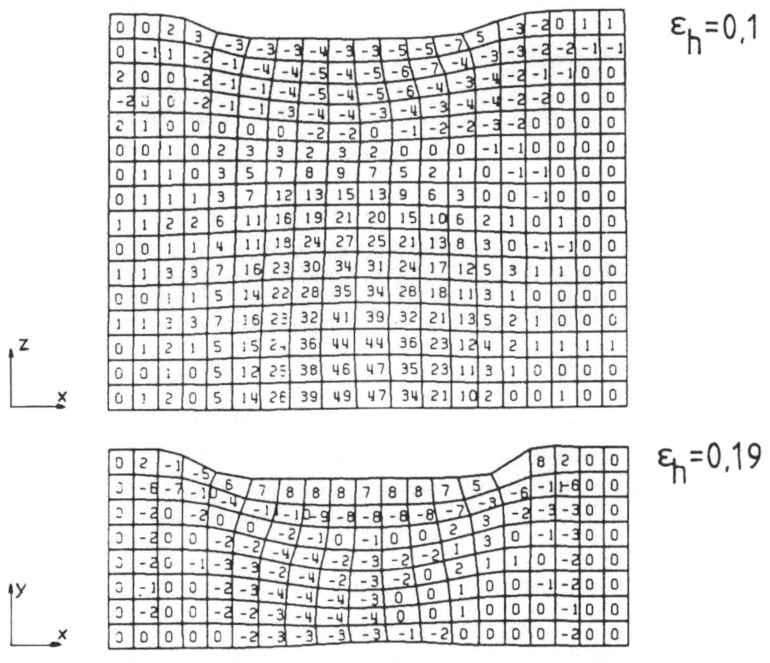

Bild 28: Flächenveränderungen verzerrter Netzlinienelemente.

Aus den Zahlenwerten für die Flächenveränderung, insbesondere für die x-z-Ebene, wird deutlich, daß hier ein sehr starker Werkstofffluß senkrecht zur Schnittebene stattfindet. Bestehende Auswerteprogramme, die mit der

Methode der Visioplasticity aus den Verzerrungen der Netzlinien die entstehenden Formänderungen bestimmen können, setzen entweder einen ebenen oder einen rotationssymmetrischen Formänderungszustand voraus, der in der x-z-Ebene, wie durch die großen Flächenveränderungen deutlich wird, nicht mehr gegeben ist. Es wird daher im folgenden der Versuch unternommen, neben der Auswertung verzerrter Netzlinienbilder mit dem bestehenden Programm RAD2, welches einen ebenen Formänderungszustand voraussetzt, im Abschnitt 5.1.2 die senkrecht zur Schnittebene stehende Formänderngsrichtung bei der Berechnung der Formänderungsverteilung mit einzubeziehen.

5.1.1 Ebener Formänderungszustand

Bei der Berechnung der Formänderungen mit dem Auswerteprogramm RAD2 /14/ werden nur die in der Schnittebene liegenden Formänderungsgeschwindigkeiten berücksichtigt. Setzt man eine konstante Werkzeuggeschwindigkeit voraus, läßt sich die Vorgangszeit aus der Werkzeugeindringtiefe des Teilumformvorgangs und aus der Werkzeuggeschwindigkeit berechnen:

$$t = \frac{\Delta h}{v_{wz}}, \qquad (20)$$

Zur Ermittlung der Geschwindigkeiten der einzelnen Netzpunkte des in der Schnittebene aufgebrachten Liniennetzes muß angenommen werden, daß der instationäre Werkstofffluß für hinreichend kleine Umformschritte annähernd stationär sei. Während der kleinen Vorgangszeit stimmen Strom- und Bahnlinien überein. Aus der Lage des Punktes P zu verschiedenen Zeiten t1 und t2 (Bild 29) und der Verbindungslinie S zwischen diesen beiden Punkten, die näherungsweise der Stromlinie entspricht, läßt sich die Durchschnittsgeschwindigkeit des Punktes P in der Mitte der Verbindungsstrecke S mit

$$v_x = \frac{\Delta x}{\Delta t} \quad ; \quad v_y = \frac{\Delta y}{\Delta t} \qquad (21)$$

angeben. Diese Berechnung wird für jeden Punkt des Netzes durchgeführt und liefert das Geschwindigkeitsfeld für diskrete Punkte der Teilungsebene und jeden Teilumformschritt. Bild 30 zeigt exemplarisch ein solches Geschwindigkeitsfeld in der x-y-Ebene beim Schmieden von Doppel-T-Profilen.

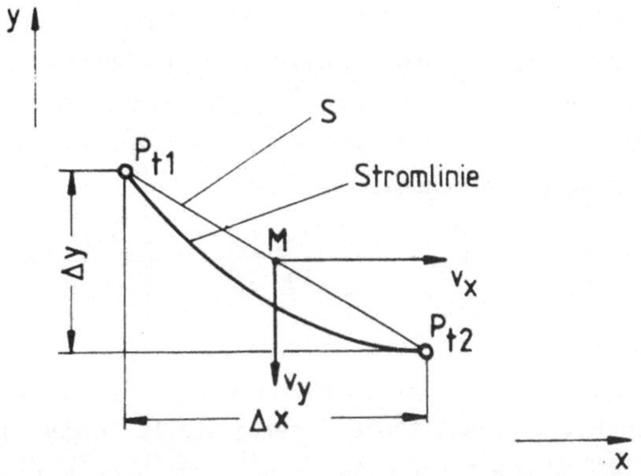

Bild 29: Prinzipdarstellung zur Berechnung des Geschwindigkeitsfeldes.

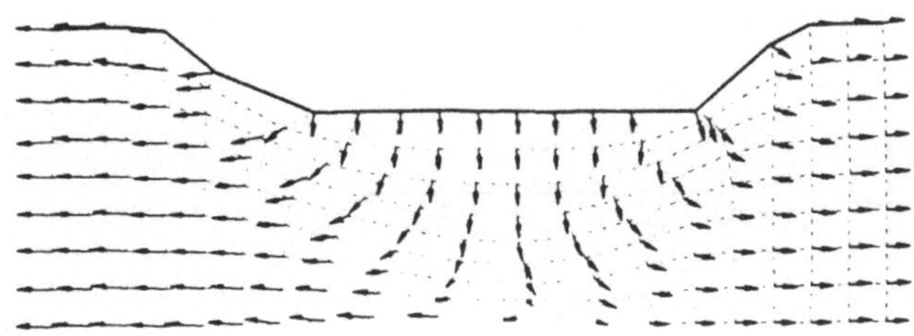

Bild 30: Geschwindigkeitsfeld

Aus diesen Geschwindigkeitsfeldern können die Verzerrungsgeschwindigkeiten ermittelt werden. Der Tensor der Verzerrungsgeschwindigkeiten reduziert sich beim ebenen Formänderungszustand wie folgt:

$$[\dot{\varepsilon}_{ij}] = \begin{pmatrix} \dot{\varepsilon}_{11} & \dot{\varepsilon}_{12} \\ \dot{\varepsilon}_{12} & \dot{\varepsilon}_{22} \end{pmatrix} \tag{22}$$

$$\dot{\varepsilon}_{11} = \dot{\varepsilon}_x = \frac{\partial v_x}{\partial x} \qquad \dot{\varepsilon}_{22} = \dot{\varepsilon}_y = \frac{\partial v_y}{\partial y} \qquad \dot{\varepsilon}_{12} = \dot{\varepsilon}_{xy} = \frac{1}{2}\left(\frac{\partial v_y}{\partial x} + \frac{\partial v_x}{\partial y}\right), \tag{23}$$

Die Differentialquotienten sind nicht direkt ermittelbar, da die Geschwindigkeiten nicht in geschlossener Form, sondern nur für bestimmte Stützstellen vorliegen. Für hinreichend kleine Schrittweiten in x- und y-Richtung können die Differentialquotienten durch Differenzenquotienten ersetzt werden. Dann gelten folgende Beziehungen:

$$\dot{\varepsilon}_x \approx \frac{\Delta v_x}{\Delta x} \qquad \dot{\varepsilon}_y \approx \frac{\Delta v_y}{\Delta y} \qquad \varepsilon_{xy} \approx \frac{1}{2}\left(\frac{\Delta v_x}{\Delta y} \div \frac{\Delta v_y}{\Delta x}\right). \tag{24}$$

Zur Ermittlung der Differenzenquotienten müssen die Werte der Geschwindigkeiten für konstante Netzlinienabstände bereitgestellt werden. Daher wird die ermittelte Geschwindigkeitsverteilung auf ein Netz mit konstantem Netzlinienabstand interpoliert. Für die Vergleichsformänderungsgeschwindigkeit ergibt sich aus

$$\dot{\varepsilon}_v = \sqrt{\frac{4}{3}\, I_2} \qquad I_2 = -\dot{\varepsilon}_x\,\dot{\varepsilon}_y + \dot{\varepsilon}_{xy}^2 \tag{25}$$

die Beziehung

$$\dot{\varepsilon}_v = \sqrt{\frac{4}{3}\left(-\dot{\varepsilon}_x\,\dot{\varepsilon}_y + \dot{\varepsilon}_{xy}^2\right)}\,. \tag{26}$$

Da die Vergleichsformänderungsgeschwindigkeit auch zeitlich nur für einzelne Stützstellen greifbar ist, wird die Vergleichsformänderung durch Summation der Produkte der Vergleichsformänderungsgeschwindigkeit und zugehöriger Vorgangszeiten der einzelnen Teilumformschritte ermittelt /14/:

$$\varepsilon_v = \int_{t_0}^{t_1} \dot{\varepsilon}_v \, dt, \tag{27}$$

5.1.1.1 Doppel-T-Profil

Die Betrachtung des Werkstoffflusses mit der Methode der Visioplasticity, unter der Voraussetzung des ebenen Formänderungszustandes, ist, wie schon erwähnt, beim Doppel-T-Profil nur in der x-y-Ebene (Bild 27) möglich. In diesen Untersuchungen sollen die Einflüsse von Eindringtiefe, Bißverhältnis und versetztem Hub, auf die Geschwindigkeitsfelder, die Verteilung der Formänderungsgeschwindigkeiten und die Verteilung der Formänderungen, ermittelt werden. Bild 31 zeigt die Geschwindigkeitsfelder einer mit dem

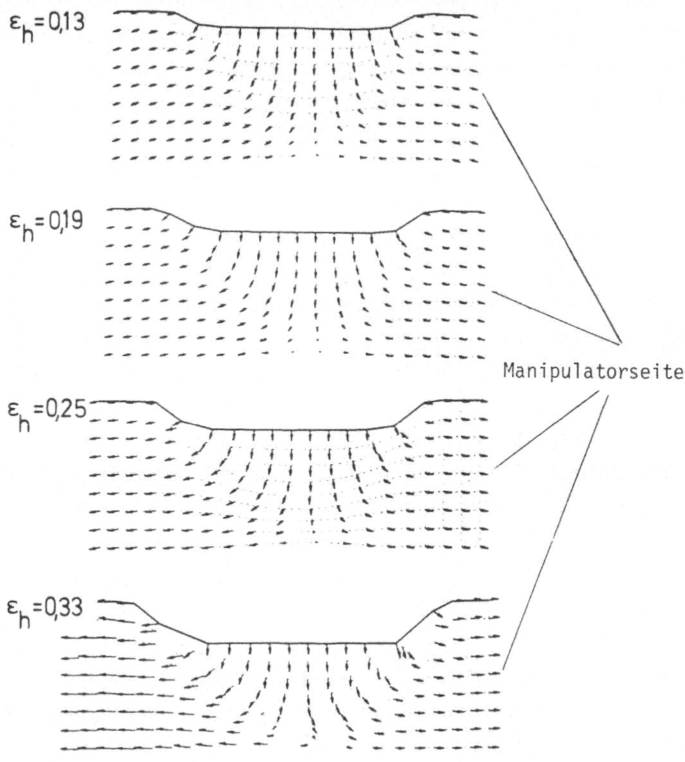

Bild 31: Geschwindigkeitsfelder bei wachsender Eindringtiefe (Doppel-T-Profil).

Anfangsverhältnis von s_{b0} = 0,875 umgeformten Probe in den einzelnen Stufen zunehmender Eindringtiefe. Aus Symmetriegründen ist bei der Darstellung die Beschränkung auf eine Probenhälfte möglich. Am Beginn des Umformvorgangs bewegt sich ein großer Teil des unter dem Werkzeug liegenden Werkstoffs senkrecht nach unten. Mit zunehmendem Abstand von der Werkzeugkontaktfläche nehmen die senkrechten Geschwindigkeitskomponenten in Richtung der Werkstücklängsachse immer stärker ab. Mit dem durch die zunehmende Eindringtiefe wachsenden Bißverhältnis nimmt bei gleicher Werkzeuggeschwindigkeit das auf das verbliebene Werkstückvolumen bezogene, verdrängte Volumen pro Zeiteinheit zu. Damit steigt auch die Geschwindigkeit des nach links und nach rechts wegfließenden Werkstoffs an, wie in Bild 31 deutlich wird. Der Einfluß des Manipulators, der, um eine exakte Längspositionierung zu gewährleisten, etwas verzögert freigeschaltet wird und der zudem eine große zu bewegende Masse aufweist, bewirkt, daß die Horizontalgeschwindigkeiten in Manipulatorrichtung wesentlich geringer sind, wie in Richtung des freien Werkstückendes. Ein äußerlich sichtbares Zeichen dieser unterschiedlichen Geschwindigkeiten ist es, daß der Flankenwinkel des axial wegfließenden Werkstoffs in Manipulatorrichtung wesentlich steiler als der in Richtung des freien Werkstückendes ist.

Aus den ermittelten Geschwindigkeitsfeldern der Schnittebene lassen sich über die Vergleichsformänderungsgeschwindigkeiten die Vergleichsformänderungen berechnen. Bild 32 zeigt für verschiedene Eindringtiefen die Verteilung der Vergleichsformänderung für die Probe, deren Geschwindigkeitsfeld in Bild 31 dargestellt ist. Eingezeichnet sind Linien gleicher Vergleichsformänderung. Gebiete mit $\varepsilon_v < 0,05$ werden in Anlehnung an /9/ als starr betrachtet. Die Bedingung einer genügenden Umformung erfüllen Gebiete, in denen die Vergleichsformänderung der relativen Eindringtiefe entspricht bzw. sie übersteigt /23/. Das Verhältnis dieser Fläche zur senkrecht unter dem Werkzeug liegenden Fläche, der sogenannten idealen Umformzone, kann als Optimierungskriterium, vor allem bei der Auswahl eines geeigneten Bißverhältnisses, verwendet werden. Bei der Analyse von Bild 32 sind mit größer werdender Eindringtiefe insbesondere folgende Zusammenhänge erwähnenswert: Unter den Werkzeugradien treten im Werkstück, beruhend auf der großen Scherwirkung, insbesondere am Anfang die größten Formänderungen auf. Mit größer werdender Eindringtiefe wachsen die genügend umgeformten Zonen der Gebiete unter den Werkzeugradien (Zone A) und

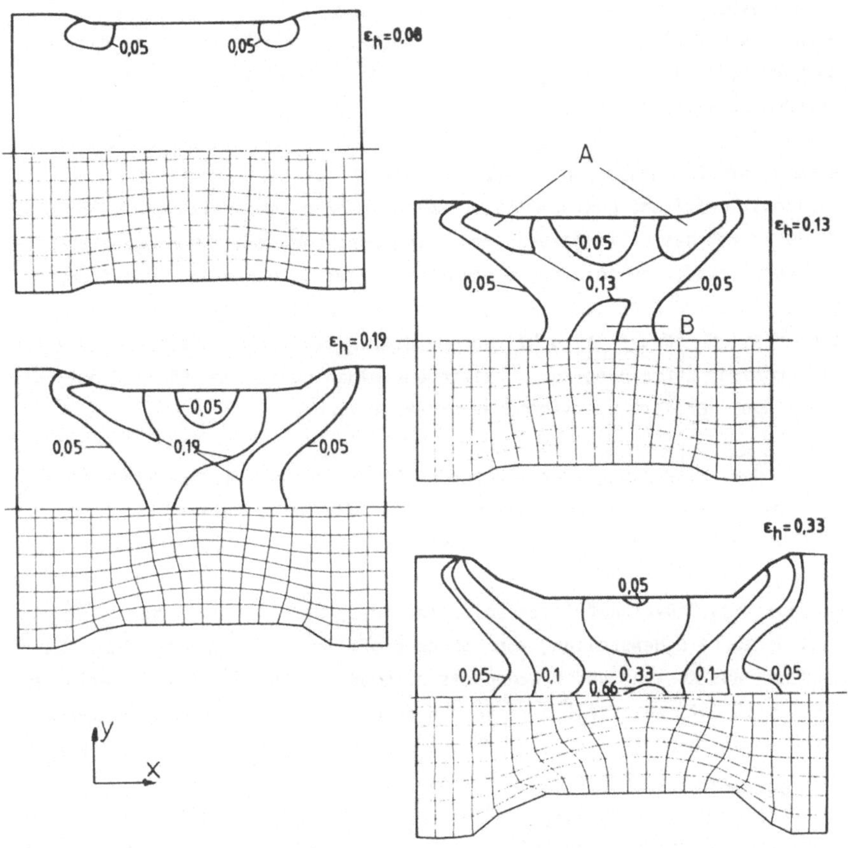

Bild 32: Vergleichsformänderungen bei wachsender Eindringtiefe (Doppel-T-Profil, S_{b0}= 0,875).

in der Werkstückmitte (Zone B) zusammen. Nach Ausbildung dieser Zone, dem sogenannten Schmiedekreuz, nimmt die Fläche des genügend umgeformten Bereichs nicht mehr wesentlich zu. Unter der Werkzeugmitte besteht im Werkstück nahe der Kontaktfläche zwischen Werkzeug und Werkstück eine weitgehend starre Zone, die nahezu unabhängig von der relativen Eindringtiefe erhalten bleibt. Zur Beseitigung dieser starren Zone können unter Vernachlässigung der Werkstückoberfläche die Werkzeugwirkflächen leicht ballig ausgeführt werden. Eine andere Möglichkeit, diese starren Zonen zu beseitigen, ist es, beim nächsten Schmiededurchgang mit versetztem Vorschub zu arbeiten. Dabei wird die Werkzeugkante in die Mitte der Werkzeugberührlinie des vorhergehenden Schmiededurchgangs, also in den nahezu starren Bereich, gelegt.

Werden die für das Doppel-T-Profil erzielten Ergebnisse mit denen für rotationssymmetrische Querschnitte verglichen, kann generell ein ähnlicher Verlauf festgestellt werden, wobei zum Erreichen einer vorgegebenen Vergleichsformänderung in einem bestimmten Gebiet die erforderliche Eindringtiefe bis zu 30 % größer sein muß. Die erforderlichen größeren Eindringtiefen sind darauf zurückzuführen, daß das zweite Werkzeugpaar aufgrund der größeren Entfernung zur Schnittebene einen geringeren Einfluß auf die Ausbildung der Vergleichsformänderungsverteilung hat.

Neben der Auswirkung der wachsenden Eindringtiefe hat das Bißverhältnis und damit bei gleichem Ausgangsdurchmesser die Werkzeuglänge einen großen Einfluß auf die Vergleichsformänderungsverteilung. Damit stellt sich die Frage, inwieweit sich die umfangreichen Ergebnisse, die für eine optimale Auswahl des Bißverhältnisses bei rotationssymmetrischen Querprofilen vorliegen, auf die Herstellung von Sonderprofilen übertragbar sind. Dabei wird es aus Kostengründen wegen des zu großen Versuchsaufwandes erforderlich, sich auf zwei Versuchsreihen zu beschränken. Als Anfangsbißverhältnisse wurden die Werte s_{b0}= 0,875 und s_{b0}= 0,625 gewählt. Kleinere Bißverhältnisse unter dem Wert 0,5 sind, da sie die Produktivität des Verfahrens wesentlich beeinträchtigen, nicht betrachtet worden. In Bild 33 sind die Vergleichsformänderungsverteilungen bei einer relativen Eindringtiefe von

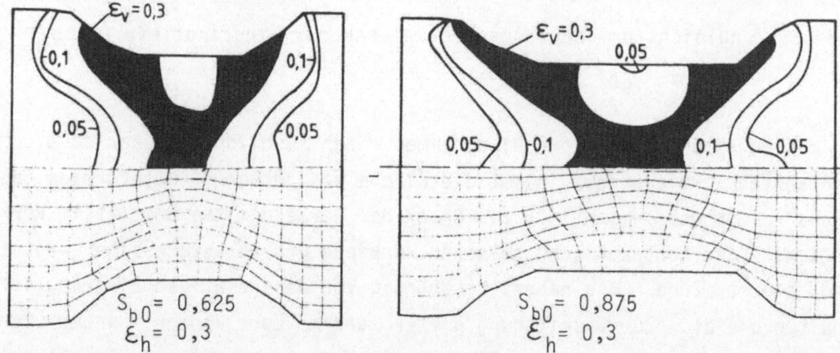

Bild 33: Vergleichsformänderungen verschiedener Bißverhältnisse (Doppel-T-Profil).

ca. 0,3 einander gegenübergestellt. Dabei fällt auf, daß beim Anfangsbißverhältnis von 0,875 in der Mitte, direkt unter dem Werkzeug, ein großer, schwach umgeformter Bereich verbleibt, der beim kleineren Bißverhältnis wesentlich reduziert wird. Die Betrachtung der Vergleichsformänderung der einzelnen Umformstufen beim kleinen Bißverhältnis (Bild 34) verstärkt diesen Eindruck. Aus dem Vergleich der Bilder 34 und 32 läßt sich weiterhin entnehmen, daß bei größerem Bißverhältnis und einer relativen Eindringtiefe von ca. 0,33 sich in der Mittelachse, direkt unter dem Werkzeug, ein Bereich ausbildet, in dem Formänderungen auftreten, die größer als der doppelte Wert der relativen Eindringtiefe sind. Dies muß insbesondere bei der Bearbeitung von Werkstückwerkstoffen beachtet werden, deren Formänderungsvermögen begrenzt ist, um damit Werkstoffschädigungen zu vermeiden. Die Forderung nach gleichmäßiger Umformung läßt sich also, vereinfacht gesagt, entweder durch relativ kleine Bißverhältnisse von ca. 0,6 oder, wie schon erwähnt, durch die Aufteilung in mindestens zwei Schmiededurchgänge mit reduzierter Eindringtiefe und versetztem Hub beim nächsten Schmiededurchgang zu verwirklichen.

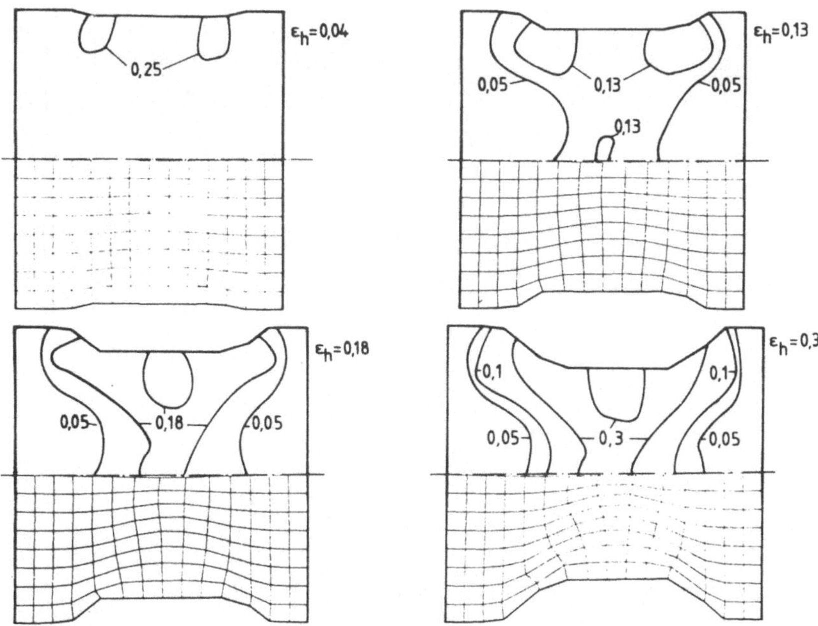

Bild 34: Vergleichsformänderungen bei wachsender Eindringtiefe und kleinem Bißverhältnis (Doppel-T-Profil, S_{b0}= =,625).

Ein weiteres, wichtiges Kriterium zur Beurteilung des Umformvorgangs beim Radialumformen von Doppel-T-Profilen ist die sich beim Folgehub einstellende Vergleichsformänderungsverteilung. In Bild 35 sind die Ergebnisse für wachsende Eindringtiefen bis zur relativen Eindringtiefe von 0,19 dargestellt. Dabei sind nur die durch den Folgehub erzeugten Vergleichsformänderungen berücksichtigt. Die gesamte Formänderung ergibt sich aus der

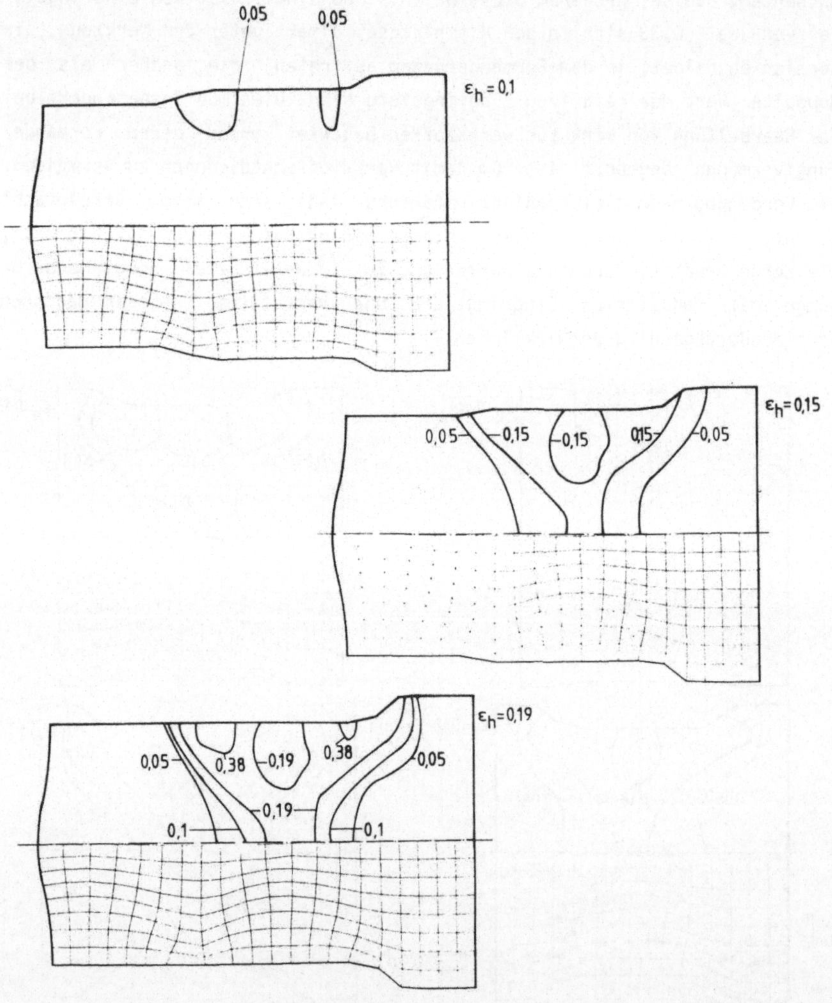

Bild 35: Vergleichsformänderungen beim Folgehub (Doppel-T-Profil, S_{b0}=0,4).

Überlagerung der Formänderungen des vorhergehenden Eindringvorgangs und dem Folgehub. Bei der Beurteilung der Ergebnisse muß beachtet werden, daß mit größer werdender Eindringtiefe beim Folgehub das Bißverhältnis weitaus stärker zunimmt als beim Ersthub, so daß sich die Werkzeugeingriffslänge während des Eindringvorgangs wesentlich vergrößert. Daher ergibt sich hier für ein Anfangsbißverhältnis von 0,4 bei einer relativen Eindringtiefe von 0,19 (Bild 35) eine Formänderungsverteilung, die in grober Näherung der Formänderungsverteilung beim Ersthub mit einem Bißverhältnis von 0,6 vergleichbar ist. Der Werkstückabsatz, der in das Werkstück hineingedrückt wird, hat auf die Formänderungsverteilung die gleiche Wirkung wie eine in den Werkstoff eindringende Werkzeugkante, wobei die sich einstellenden Gebiete höherer Formänderung über einen größeren Bereich verteilt sind.

Die Ergebnisse der Werkstoffflußuntersuchungen zur Ermittlung eines optimalen Bißverhältnisses lassen sich bei der Vorschubermittlung für den Folgehub für kleine relative Eindringtiefen einsetzen. Bei großen relativen Eindringtiefen wirkt sich der starke Anstieg der Werkzeugwirklänge l_W dahingehend aus, daß vergleichbare Ergebnisse bezüglich der Formänderungsverteilung mit leicht reduzierten Bißverhältnissen für den Folgehub erreicht werden können.

5.1.1.2 Doppel-Y-Profil

Das Doppel-Y-Profil besitzt zwei Symmetrieebenen, die in Bild 36 dargestellt sind. Für die visioplastischen Untersuchungen kann nur die x-y-Ebene verwendet werden, da bei der x-z-Ebene die Keilwirkung der Dreieckswerkzeuge ein Aufklaffen der zu untersuchenden Ebene zur Folge hätte. Dieses Aufklaffen würde zu einer Abweichung von der Grundvoraussetzung der Ebenheit der untersuchten Ebene führen und ist damit nicht zulässig.

In der x-y-Ebene wurden für verschiedene Eindringtiefen in gleicher Weise, wie im vorhergehenden Abschnitt für das Doppel-T-Profil beschrieben, die Vergleichsformänderungen ermittelt. Bei der Analyse der Vergleichsformänderungen (Bild 37) fällt auf, daß schon bei sehr kleinen relativen Eindringtiefen das eine Durchschmiedung bis in den Kern kennzeichnende

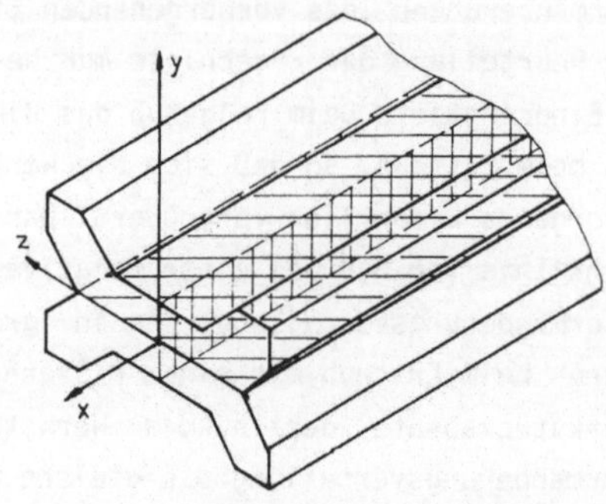

Bild 36: Symmetrieebenen Doppel-Y-Profil.

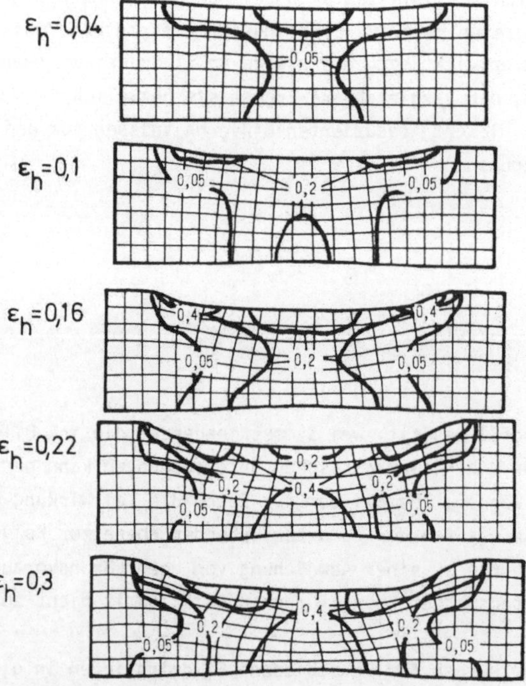

Bild 37: Vergleichsformänderungen beim Doppel-Y-Profil bei wachsender Eindringtiefe.

Schmiedekreuz entsteht, welches ein Gebiet plastischer, wenn auch relativ geringer bleibender Formänderung darstellt. Die Gebiete bleibender Formänderung im Kernbereich treten beim Doppel-Y-Profil schon bei wesentlich geringeren relativen Eindringtiefen auf als beim Doppel-T-Profil. Dieser Sachverhalt wird insbesondere beim Vergleich der Bilder 37 und 32 deutlich. Die Entstehung von Gebieten mit bleibender Formänderung bei geringeren Eindringtiefen beim Doppel-Y-Profil läßt sich insbesondere auf die Wirkung des Dreieckswerkzeugs an der Schmalseite des Doppel-Y-Profils zurückführen. Dieses Werkzeug kann aufgrund seiner Geometrie kernnahe Bereiche stärker beeinflussen, wobei die Wirkung bis in die beschriebene Schnittebene hineingeht. Mit zunehmender Eindringtiefe wachsen, ausgehend von der Kernzone und den Scherzonen oberflächennaher Bereiche unter den Werkzeugkanten, die Gebiete höherer Vergleichsformänderung. Der von der Kernzone ausgehende Bereich höherer Formänderung wächst dabei schneller als die Bereiche der Scherzonen.

5.1.2 Räumlicher Formänderungszustand

Die Werkstoffflußuntersuchungen mit der Methode der Visioplasticity werden in bezug auf die Erfassung des räumlichen Formänderungszustandes dahingehend eingeschränkt, daß die Erfassung der Netzpunkte nach der Umformung zur Zeit auf dem Meßmikroskop erfolgt und daher die verzerrten Netzlinien in einer Ebene bleiben müssen. Dahingegen müßte ein räumlich verzerrtes Liniennetz dreidimensional erfaßt werden. Dies würde beispielsweise bei einer 3 D-Meßmaschine einen sehr hohen Aufwand bei der Meßwerterfassung zur Folge haben. Weiterhin gilt in jedem Fall die Einschränkung, daß ein durch das Werkstück geführter Schnitt den Formänderungszustand möglichst wenig stören soll, wobei nur Druckspannungen und in eingeschränktem Maße Schubspannungen in der Schnittebene zulässig sind. Es wird daher in dieser Arbeit versucht, bei ebenen Schnitten die senkrecht zu diesen Ebenen liegenden Formänderungskomponenten mit zu berücksichtigen.

Wie bereits im Abschnitt 5.1 beschrieben, sind die Flächenveränderungen der durch die Werkstückmarkierungen gebildeten Rechtecke in der Schnittebene ein Maß für die Abweichung vom ebenen Werkstofffluß in dieser Schnittebene. Zur Verdeutlichung des Werkstoffflusses stelle man sich ein

Volumenelement vor (Bild 38), das die Höhe $2y_0$ besitzt und dessen Symmetrieebene von der x-z-Ebene gebildet wird. Diese Symmetrieebene sei die Schnittfläche der Visioplasticity-Probe, bei der die Strecken x_0 und z_0 als Teil des im Ausgangszustand äquidistanten Liniennetzes ein Quadrat bilden. Wird dieses Volumenelement unter Beibehaltung der erwähnten Symmetrieebenen umgeformt, wird aus dem Quadrat mit dem Flächeninhalt A_0 das

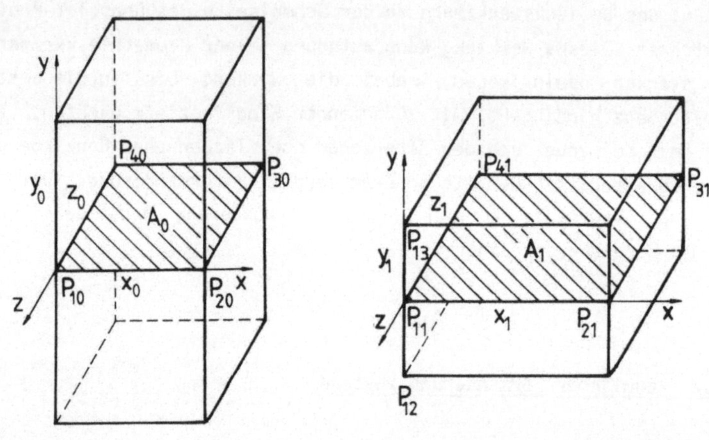

Bild 38: Prinzipdarstellung zum räumlichen Formänderungszustand.

Viereck mit dem Flächeninhalt A_1. Werden dabei die Verbindungslinien zwischen den Eckpunkten durch Geradenabschnitte angenähert, läßt sich aus den Punktkoordinaten der Flächeninhalt des Vierecks A_1 berechnen. Für dieses kleine Volumenelement kann, unter Berücksichtigung der Volumenkonstanz, bei einer angenommenen lokal homogenen Umformung die Höhe des Volumenelements y_1 bestimmt werden. Der Wert für y_1 ergibt sich aus

$$y_1 = y_0 \frac{A_0}{A_1} \tag{28}$$

Aus der Differenz zwischen y_0 und y_1 ergibt sich bei gegebener Vorgangszeit die Geschwindigkeit v_y für einen Punkt an der Oberseite und entsprechend die Geschwindigkeit $-v_y$ an der Unterseite des gedachten Quaders. Der mittlere vertikale Abstand des Punktes mit der Geschwindigkeit v_y von der Schnittebene beträgt y_m.

$$y_m = \frac{y_0 + y_1}{2} \tag{29}$$

Zur Berechnung der Formänderungsgeschwindigkeit in y-Richtung sind eine Strecke in dieser Richtung (Länge=$2y_m$) und die Geschwindigkeiten des Anfangs- (v_y) und Endpunktes ($-v_y$) dieser Strecke erforderlich. Die Formänderungsgeschwindigkeit in y-Richtung ist definiert als

$$\dot{\varepsilon}_y = \frac{\partial v_y}{\partial y} \tag{30}$$

Für hinreichend kleine Abstände zur Symmetrieebene gilt

$$\dot{\varepsilon}_y = \frac{\Delta v_y}{\Delta y} = \frac{v_y - (-v_y)}{2 y_m} = \frac{v_y}{y_m} \tag{31}$$

Der Tensor der Formänderungsgeschwindigkeiten für die Symmetrieebene ist wie folgt definiert.

$$[\dot{\varepsilon}] = \begin{pmatrix} \dot{\varepsilon}_x & \dot{\varepsilon}_{xy} & \dot{\varepsilon}_{zx} \\ \dot{\varepsilon}_{xy} & \dot{\varepsilon}_y & \dot{\varepsilon}_{zy} \\ \dot{\varepsilon}_{x2} & \dot{\varepsilon}_{zy} & \dot{\varepsilon}_z \end{pmatrix} \tag{32}$$

Die Schiebungsgeschwindigkeitskomponenten $\dot{\varepsilon}_{xy}$ bzw. $\dot{\varepsilon}_{yx}$ und $\dot{\varepsilon}_{yz}$ bzw. $\dot{\varepsilon}_{zy}$ entsprechen den Winkelveränderungen pro Zeiteinheit von Richtungen, die vor dem Umformvorgang senkrecht zur Schnittebene waren. Da es sich bei der Schnittebene um eine Symmetrieebene handelt, müssen die sich einstellenden Winkeländerungen auch symmetrisch zu dieser Ebene sein. Dabei würde sich bei einer Winkeländerung in der Symmetrieebene ein nicht differenzierbarer Kurvenverlauf der vor der Umformung diese Ebene senkrecht durchdringenden Geraden ergeben (Bild 39). Dieser "Knick" in der Kurve würde einem Kurvenradius von Null in der Schnittebene entsprechen. Für die makroskopische Betrachtung kann aber davon ausgegangen werden, daß es nicht möglich ist, durch Umformung aus einer Geraden eine Kurve zu erzeugen, deren Kurvenverlauf nicht an jeder Stelle differenzierbar ist.

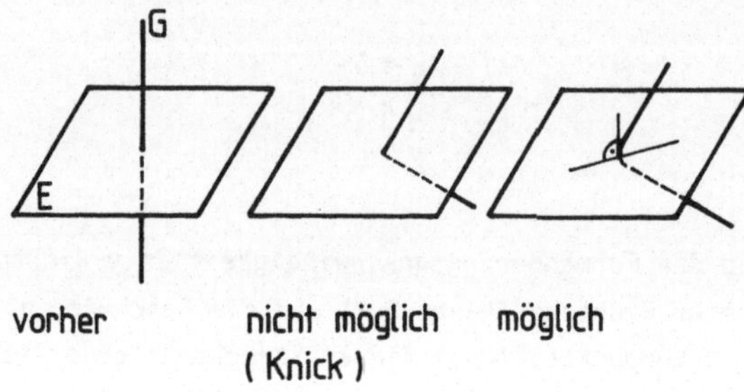

Bild 39: Winkelveränderung senkrecht zur Symmetrieebene.

Wird dieser Knick folglich durch einen endlich großen Radius ersetzt, muß der Schnittwinkel der Tangente dieser Kurve mit der Ebene aufgrund der Symmetrieeigenschaft 90° betragen. Daraus ergibt sich, daß in einer Schnittebene, die die entsprechenden Voraussetzungen wie Symmetrie erfüllt, die Schiebungen und damit die Schiebungsgeschwindigkeiten $\dot{\varepsilon}_{xy}$ und $\dot{\varepsilon}_{yz} = 0$ sind. Der Formänderungszustand in dieser Ebene ist somit vollständig bestimmt. Die Vergleichsformänderungsgeschwindigkeit läßt sich aus der zweiten Invarianten der Formänderungsmatrix wie folgt errechnen:

$$I_2^{\dot{\varepsilon}} = -\left(\dot{\varepsilon}_x \dot{\varepsilon}_y + \dot{\varepsilon}_y \dot{\varepsilon}_z + \dot{\varepsilon}_z \dot{\varepsilon}_x \right) + \dot{\varepsilon}_{xy}^2 + \dot{\varepsilon}_{xz}^2 + \dot{\varepsilon}_{zy}^2 \qquad (33)$$

$$\dot{\varepsilon}_{xy} = 0 \qquad \dot{\varepsilon}_{zy} = 0$$

$$\dot{\varepsilon}_v = \sqrt{\frac{4}{3} I_2^{\dot{\varepsilon}}} \qquad (34)$$

$$\varepsilon_v = \int_{t_0}^{t_1} \dot{\varepsilon}_v \, dt \qquad (35)$$

Die Herleitung dieser Zusammenhänge wurde über das dreiachsige Geschwindigkeitsfeld und nicht, wie es auch möglich gewesen wäre, direkt über die sich aus der Volumenkonstanz ergebende Beziehung

$$\varepsilon_x + \varepsilon_y + \varepsilon_z = 0 \qquad (36)$$

durchgeführt, um das auf diesen Zusammenhängen basierende Programmsystem so aufzubauen, daß in weiterführenden Arbeiten eine dreidimensionale Auswertung der Schnittfläche möglich ist. Grundvoraussetzung für diese räumliche Visioplasticity sind mindestens zwei mit geringem Abstand übereinanderliegende Schnittflächen, welche der Randbedingung genügen müssen, daß der sich einstellende Werkstofffluß durch diese Schnittflächen möglichst nicht beeinflußt wird. Die dreidimensionale Erfassung der Werkstoffmarkierungen mit einer 3D-Meßmaschine steigert den Versuchsaufwand um ein vielfaches. Man wird sich in Zukunft beim Einsatz dieser Methode zur Erfassung des Werkstoffflusses auf stichprobenartige Untersuchungen beschränken, da umfangreiche Versuchsreihen bei einem solch immens hohen Versuchsaufwand nicht mehr sinnvoll sind. Das im Rahmen dieser Arbeit erstellte Auswerteprogramm konnte mit einigen fiktiven Datensätzen, die zu Testzwecken aus bestehenden Meßdaten entwickelt wurden, für die Verarbeitung räumlicher Geometriedaten getestet werden. Die exakte Analyse des Werkstoffflusses erfolgte jedoch durch die Auswertung von ebenen Schnitten, wobei die dritte Komponente des Formänderungszustandes in der schon geschilderten Art und Weise berücksichtigt werden konnte.

Bisher wurde beim Radialumformen als bezogene Kenngröße zur Beurteilung des Umformvorgangs die relative Eindringtiefe ε_h benutzt, da bei der Herstellung von regelmäßigen Vielecken die relative Breitenänderung ε_b gleich der relativen Höhenänderung ε_h^* bzw. der relativen Eindringtiefe ε_h ist.Bei der Herstellung von Doppel-T- und Doppel-Y-Profilen sind die relativen Abmessungsänderungen in Höhen- und Breitenrichtung unterschiedlich. Zur Analyse des dreiachsigen Formänderungszustandes bei Sonderprofilen ist es zweckmäßig, als Vergleichsgröße für die Abmessungsänderung in Höhen- und Breitenrichtung den geometrischen Umformgrad φ_A zu benutzen, der sich an der Querschnittsflächenveränderung orientiert. Diese Flächen stehen senkrecht zur Werkstücklängsachse.

$$\varphi_A = \ln \frac{A_0}{A_1} \qquad (37)$$

5.1.2.1 Doppel-T-Profil

Die Analyse der x-z-Ebene beim Doppel-T-Profil erscheint aufgrund der großen Flächenveränderung (Bild 28) der durch die Kreuzungspunkte äquidistanter Liniennetze gebildeten Vierecke, unter Berücksichtigung der senkrecht zur Schnittebene liegenden Formänderungsrichtung, von großem Interesse. In Bild 40 sind die Vergleichsformänderungen bei wachsender Eindringtiefe dargestellt. Schon bei kleinen Umformgraden (φ_A = 0,12) wird

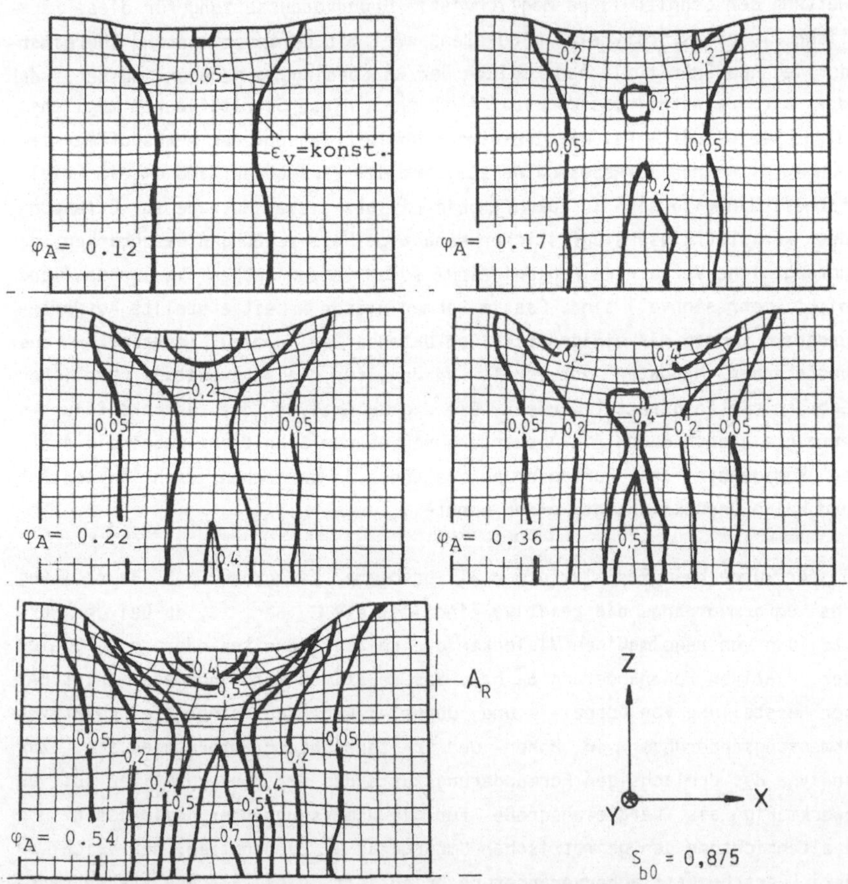

Bild 40: Vergleichsformänderungen im breiten Längsschnitt des Doppel-T-Profils.

die untere Schranke (ε_V = 0,05) bezüglich der plastifizierten Zone in einem großen Gebiet, bis hin zur Werkstückmittelachse, überschritten. Die Vergrößerung dieser Zone mit wachsendem Umformgrad zeigt eine stark degressive Tendenz, d. h. daß oberhalb der Grenze von φ_A = 0,36 die Zunahme der Fläche der plastifizierten Zone vernachlässigbar klein wird. Die Vergleichsformänderungen innerhalb dieser plastifizierten Zone nehmen stetig zu. Diese Ergebnisse der Vergleichsformänderungsverteilung unterstützen die in Abschn. 3.3.1.1 vorgestellte Theorie der gleichmäßigen Umformung über dem Querschnitt durch gleiche Umformgrade in Steg- und Rippenzone. Die Forderung nach gleichem Umformgrad in Steg- und Rippe konnte bei den Visioplasticity-Untersuchungen eingehalten werden. Wird dabei die Rippenzone A_R isoliert betrachtet, wird deutlich, daß die Vergleichsformänderungsverteilung einen ähnlichen Verlauf aufweist, wie die in Bild 32 für die x-y-Ebene in der Stegzone des Doppel-T-Profils ermittelte Verteilung.

Im Bild 41 sind für φ_A = 0,54 die Komponenten der Formänderungen dargestellt. Dabei wird wiederum die Unterscheidung der Formänderungen im Steg- und Rippenbereich deutlich, wobei die Grenzen von der einen zur anderen

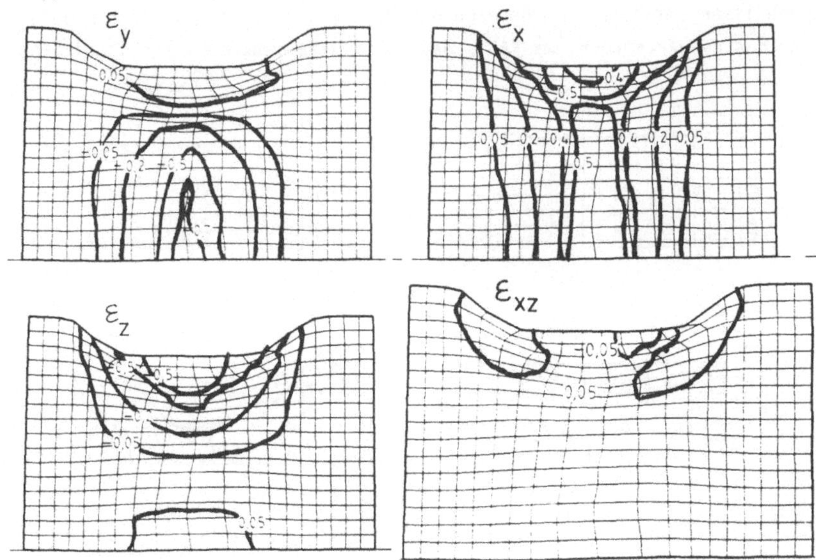

Bild 41: Formänderungskomponenten im breiten Längsschnitt des Doppel-T-Profils (φ_A = 0,54).

Zone nicht wie in der Modellbildung starr und statisch sind. Die hier sichtbaren Grenzen verändern sich oft mit wachsender Eindringtiefe und in Abhängigkeit von den sonstigen Randbedingungen. Bei der Analyse der Formänderung in y-Richtung wird deutlich, daß vor allem im Stegbereich ein räumlicher Formänderungszustand vorherrscht, der sich eindeutig auf die Wirkung des senkrecht zur Schnittebene wirkenden, stegformenden Werkzeuges zurückführen läßt. Die Schiebungen in der x-z-Ebene haben auf die Vergleichsformänderung nur einen relativ geringen Einfluß. Nennenswerte Schiebungen treten nur im Bereich unterhalb der Kanten des Werkzeugs aufgrund der Scherwirkung dieser Kanten auf. Der Schiebungsanteil direkt unter dem Werkzeug ist darauf zurückzuführen, daß infolge Reibung zwischen Werkstück und Werkzeug der Werkstofffluß direkt an der Oberfläche behindert wird, während unmittelbar darunter der Werkstoff bestrebt ist, die Werkstücklängung mitzumachen.

In der zweiten Symmetrieebene des Doppel-T-Profils, der zur x-z-Ebene senkrechten x-y-Ebene, unterscheiden sich die unter Berücksichtigung der dritten Formänderungsrichtung ermittelten Vergleichsformänderungen (Bild 42) nur unwesentlich von den mit der ebenen Näherungslösung erarbeiteten Ergebnissen (Bild 32). Im Bereich der Werkzeugradien ist bei den Ergebnissen des Auswerteprogramms RAD3, das die dritte senkrecht zur Schnittebene

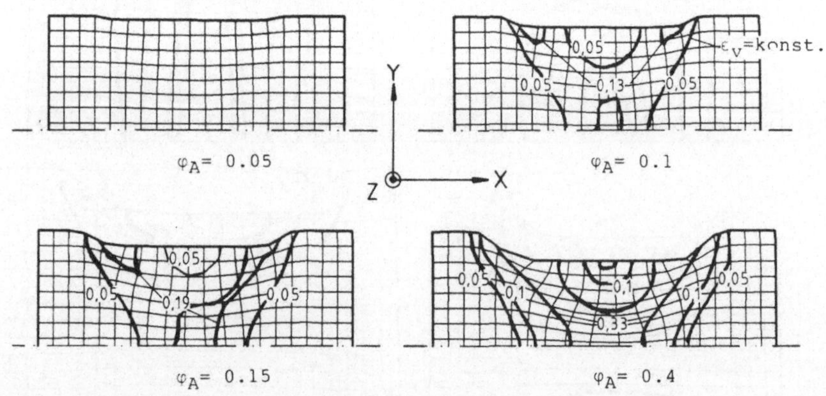

Bild 42: Vergleichsformänderungen im schmalen Mittellängsschnitt (Doppel-T-Profil, räumlich).

liegende Formänderungsrichtung berücksichtigt, eine etwas geringere Vergleichsformänderung festzustellen. Dies läßt sich auf ein in diesem Programm verwendetes, verbessertes Interpolationsverfahren zurückführen. Betrachtet man wiederum die einzelnen Komponenten der Formänderungen (Bild 43), erkennt man, daß die Formänderungen in z-Richtung nur in zwei kleinen Bereichen und auch dort nur unwesentlich über den Wert $\varepsilon_z = 0{,}05$ hinausgehen. Das bedeutet, daß in dieser Schnittebene in sehr guter Näherung ein ebener Formänderungszustand angenommen werden kann.

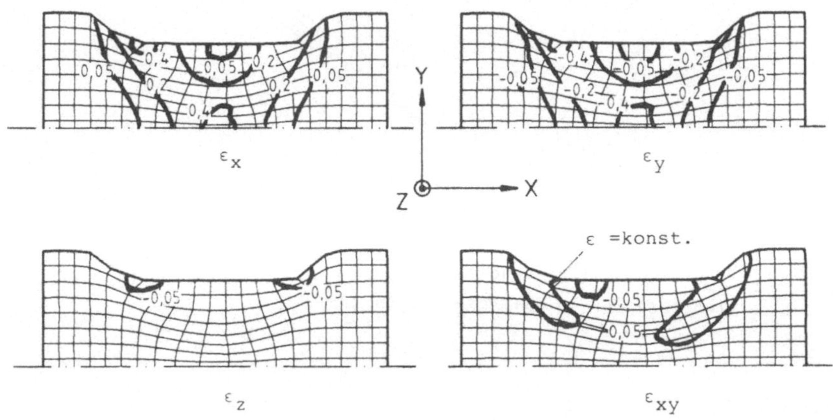

Bild 43: Komponenten der Formänderungen im schmalen Mittellängsschnitt des Doppel-T-Profils.

Werden die Vergleichsformänderungsverteilungen in den beiden senkrecht zueinanderstehenden Ebenen gemeinsam dargestellt, müßten sich für die Schnittlinie dieser Ebenen die gleichen Werte ergeben. Im Bild 44 wird diese Annahme bestätigt, obwohl die Versuche, die zu den Ergebnissen in den verschiedenen Ebenen geführt haben, unabhängig voneinander durchgeführt wurden. Die verbleibenden Abweichungen sind zum großen Teil auf Ungenauigkeiten der Radialumformmaschine bei der Versuchsdurchführung zurückzuführen.

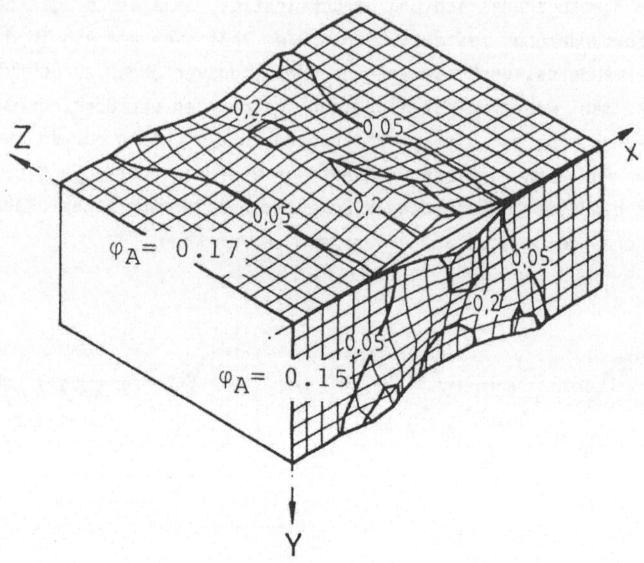

Bild 44: Vergleichsformänderungsverteilungen in senkreckt zueinander stehenden Ebenen beim Doppel-T-Profil.

5.1.2.2 Doppel-Y-Profil

Die visioplastischen Untersuchungen für das Doppel-Y-Profil wurden nur in der x-y-Ebene, also in der schmalen Längssymmetrieebene, durchgeführt. In der x-z-Ebene können die Voraussetzungen zur Durchführung der Methode der Visioplasticity, vor allem der geforderte Zusammenhalt der geteilten Werkstückhälften, wegen der Keilwirkung der Dreieckswerkzeuge nicht erfüllt werden. Die Vergleichsformänderungen in der x-y-Ebene sind für wachsende Eindringtiefen im Bild 45 dargestellt. Dabei zeigen sich keine wesentlichen Unterschiede zu den mit der zweidimensionalen Betrachtung erarbeiteten Ergebnissen. Auch bei dieser Auswertemethode fällt im ersten Abscnitt der Umformung der rasche Zuwachs der plastifizierten Zone auf, während beim weiteren Eindringen der Werkzeuge ein verlangsamtes Wachstum dieser Zone erkennbar ist, mit dem eine starke Zunahme der Formänderungen einhergeht. Bei der Betrachtung der verschiedenen Formänderungskomponenten in

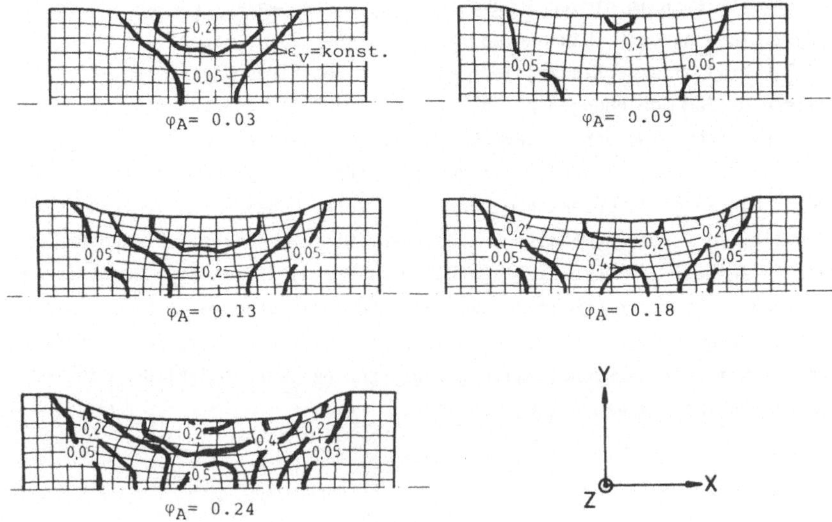

Bild 45: Vergleichsformänderungen (räumlich) im schmalen Mittellängsschnitt des Doppel-Y-Profils.

Bild 46 für ein φ_A von 0,24 fällt auf, daß ε_x und ε_y sehr ähnliche Verläufe, aber mit umgekehrtem Vorzeichen, aufweisen. Dies unterstützt zusammen mit den vernachlässigbar kleinen Flächenveränderungen der durch die Kreuzungspunkte äquidistanter Linien gebildeten Vierecke die Erkenntnis,

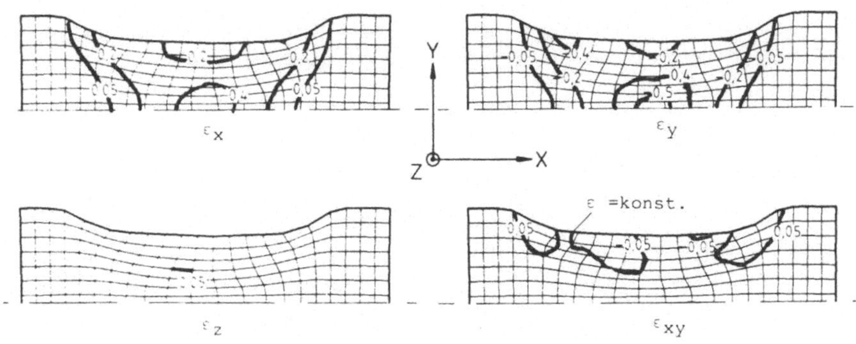

Bild 46: Komponenten der Formänderungen (Doppel-Y-Profil, räumlich).

daß es sich auch in dieser Schnittebene um einen nahezu ebenen Formänderungszustand handelt. Die Schiebungen in dieser Ebene haben, wie beim Doppel-T-Profil, im Werkzeugradienbereich ein positives Vorzeichen. Die auffallend großen Schiebungen mit negativem Vorzeichen direkt unter der Werkzeugwirkfläche sind darauf zurückzuführen, daß direkt unter der starren Zone an der Werkzeugberührfläche ein starker axialer Werkstofffluß besteht. Dieser große Unterschied der Werkstoffflußgeschwindigkeiten führt zwangsläufig zu den erwähnten Schiebungen. Diese größeren Schiebungen beim Doppel-Y-Profil im Vergleich zum Doppel-T-Profil lassen sich damit erklären, daß zu einem frühen Zeitpunkt des Eindringvorgangs das Dreieckswerkzeug aufgrund seiner Tiefenwirkung zu einem starken axialen Werkstofffluß, vor allem in der Kernzone, beiträgt, während der Werkstofffluß an der Kontaktfläche zum Trapezwerkzeug behindert wird.

5.2 HÄRTEVERLÄUFE

Der Werkstofffluß bei der Herstellung von Sonderprofilen auf der Radialumformmaschine läßt sich mit der Methode der Visioplasticity nur in einigen wenigen, geeigneten Symmetrieebenen ermitteln. Zur Erfassung des Werkstoffflusses in den durch die Visioplasticity nicht zugänglichen Bereichen des Werkstücks, kann für eine qualitative Abschätzung die Härteverteilung in verschiedenen Querschnitten ermittelt werden. Für eine Anzahl von Umformverfahren wurde bei verfestigendem Werkstoff nachgewiesen /54,55/, daß eine Zuordnung zwischen Vergleichsformänderung und der örtlichen Härte in einem relativ engen Streubereich möglich ist. Dieser Zusammenhang wird unter anderem auch von Vater in /26/ zur Ermittlung von Vergleichsformänderungen bei Modellversuchen für das Recken verwendet. Für den verwendeten Versuchswerkstoff Al 99,5 gilt der in Bild 47 dargestellte Zusammenhang für die bei Raumtemperatur umgeformten Proben.

Weiterhin wurde auch an Werkstücken, die bei erhöhter Temperatur umgeformt wurden, die Härteverteilung in verschiedenen Schnittebenen ermittelt. Für diese Werkstücke ist die Beziehung zwischen Härte und Vergleichsformänderung nicht mehr gültig. Für diese Werkstücke läßt sich jedoch aufgrund der Härteverteilung eine Aussage über das Abkühlverhalten der Werkstücke während der Umformung aufzeigen.

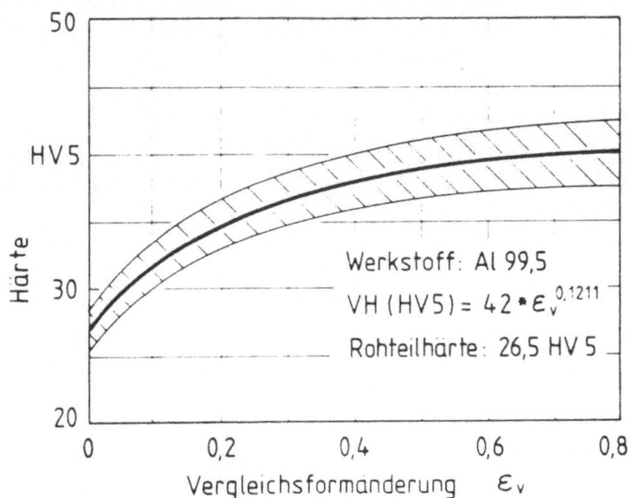

Bild 47: Abhängigkeit der örtlichen Härte HV5 von der Vergleichsformänderung ε_v /14/.

5.2.1 Rechteck

Werkstücke mit Rechteckquerprofil sind als Zwischenform zur Herstellung von Doppel-T- und Doppel-Y-Profilen von großer Bedeutung. Die Ermittlung der mechanischen Eigenschaften über die Härteverteilung im Querprofil ist eine wichtige Voraussetzung für die Betrachtung der folgenden Umformvorgänge vom Rechteck zum Doppel-T- bzw. vom Rechteck zum Doppel-Y-Profil. Die Härteverteilung eines Rechteckquerprofils (Höhe = 40 mm, Breite = 60 mm) ist in Bild 48 dargestellt. Dieses Rechteckquerprofil wurde aus einem kreisförmigen Querprofil mit dem Durchmesser 100 mm und einer Ausgangshärte von HV 5_0= 26,5 bei Raumtemperatur umgeformt. In der Mitte des Rechteckquerprofils tritt ein Bereich sehr hoher Härte auf, der von einem Gebiet hoher Härte umgeben ist. Dies ist auf die große Höhenabnahme in Radialrichtung vom Durchmesser 100 mm des kreisförmigen Querprofils auf die

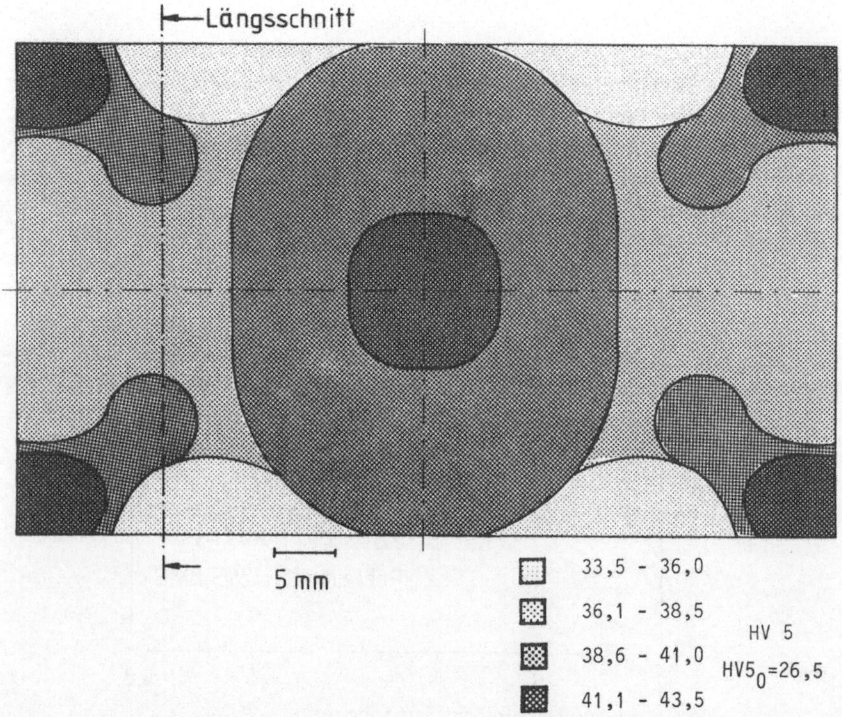

Bild 48: Härteverteilung Rechteckquerprofil (kalt).

Höhe 40 mm des Rechteckquerprofils zurückzuführen. An den Kantenbereichen des Rechtecks sind ebenfalls hohe Härtewerte erkennbar, die auf Schiebungen durch die versetzten Werkzeugwirkflächen des Rechteckwerkzeuges, die im Winkel von 90° zueinander arbeiten, schließen lassen.

Die Härteverteilung im Längsschnitt zeigt Bild 49. Der Längsschnitt wurde außerhalb der Mitte in einen randnahen Bereich verlegt, da hier die größeren Inhomogenitäten zu erwarten waren. Insgesamt ist bei der Härteverteilung ein relativ gleichmäßiger Verlauf erkennbar, wobei die Gebiete höherer Härte Randbereiche der Schiebungen an der Kante des Rechtecks sind, die relativ weit ins Innere des Rechteckquerprofils hineinragen können. Die zyklisch wiederkehrenden, kleinen, sehr harten Bereiche an der Oberfläche, deren Abstand dem Vorschub zwischen zwei Hüben entspricht, sind direkt auf die Scherwirkung der auf die Oberfläche auftreffenden Werkzeugkante zurückzuführen.

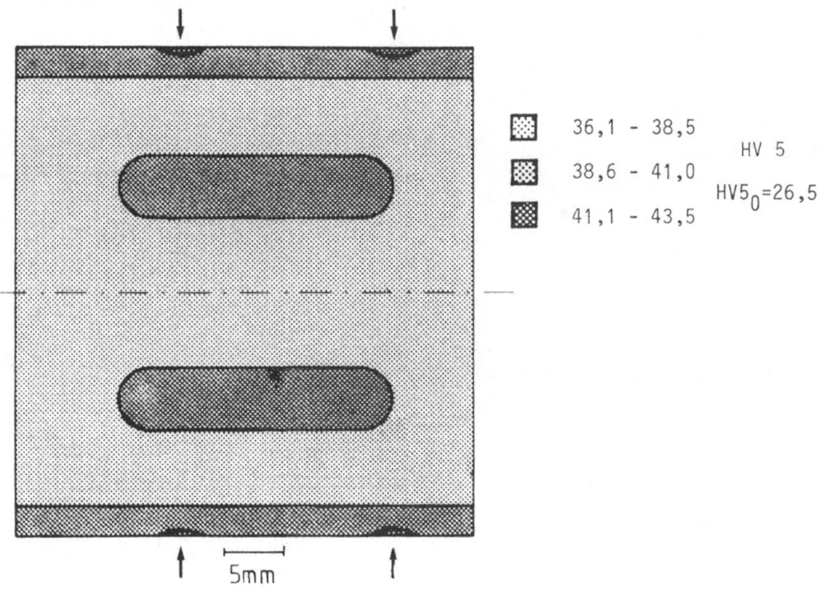

Bild 49: Härteverteilung Rechteckprofil im Längsschnitt

Die Härteverteilung im Querprofil des warm umgeformten Rechtecks ist sehr gleichmäßig (Bild 50). Die leicht erhöhte Härte in den Eckbereichen steht vermutlich in direktem Zusammenhang mit der hier verstärkten Wärmeabfuhr. An diesen Stellen und im ebenfalls etwas härteren Mittenbereich finden, wie beim kaltumgeformten Rechteck gezeigt, die größten Formänderungen statt. In diesem Zusammenhang sei bemerkt, daß aus den Härtemessungen beim warmumgeformten Werkstück nur qualitative Tendenzen und keine exakten Analysen erarbeitet werden können, da die ermittelten Unterschiede der Härtemessungen meist sehr gering sind und die Einflüsse der Abkühlung des Werkstücks durch die Werkzeuge und die Wirkung großer Formänderungen sich gegenseitig beeinflussen und daher nicht exakt getrennt erfaßbar sind. Betrachtet man unter Berücksichtigung dieser einschränkenden Bedingungen in

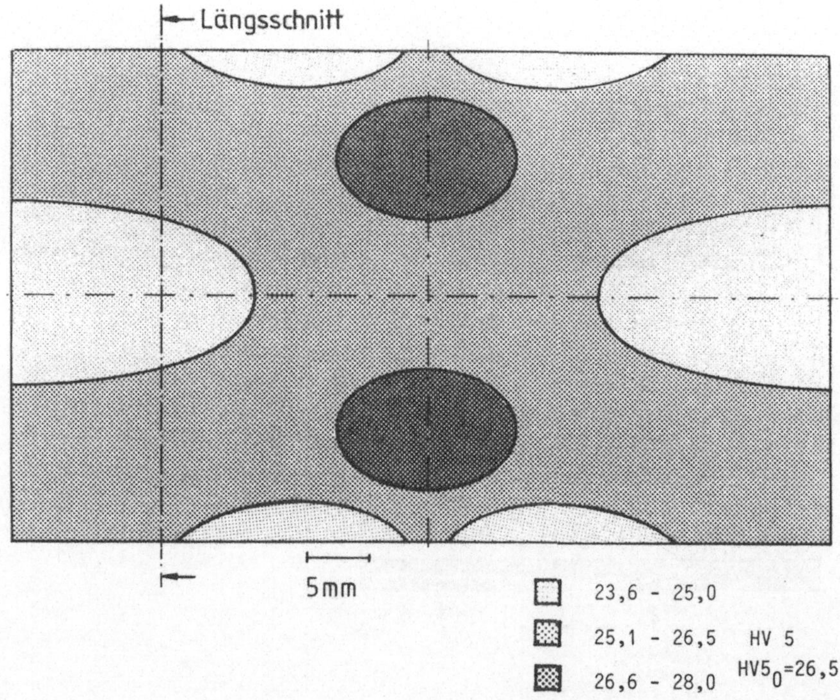

Bild 50: Härteverteilung Recheckquerprofil (warm).

Bild 51 die auftretende Härteverteilung im schmalen Längsprofil eines warm umgeformten Rechteckquerprofils, fällt auf, daß sich weiche und etwas weniger weiche Bereiche zyklisch abwechseln, die in Längsrichtung einen Abstand besitzen, der in etwa dem Vorschub entspricht. Die etwas weniger weichen Bereiche sind der Kante (Punkt P_K), auf die das Werkzeug beim Folgehub aufgesetzt, zuzuordnen. An dieser Stelle findet eine stärkere Umformung und, wegen der längeren Druckberührzeit, eine stärkere Abkühlung statt. Die versetzten Werkzeugwirkflächen beim Rechteckwerkzeug lassen vermuten, daß die härteren, achsnahen Bereiche (Punkt P_A) den umgeformten Kanten an der Schmalseite des Rechtecks entsprechen.

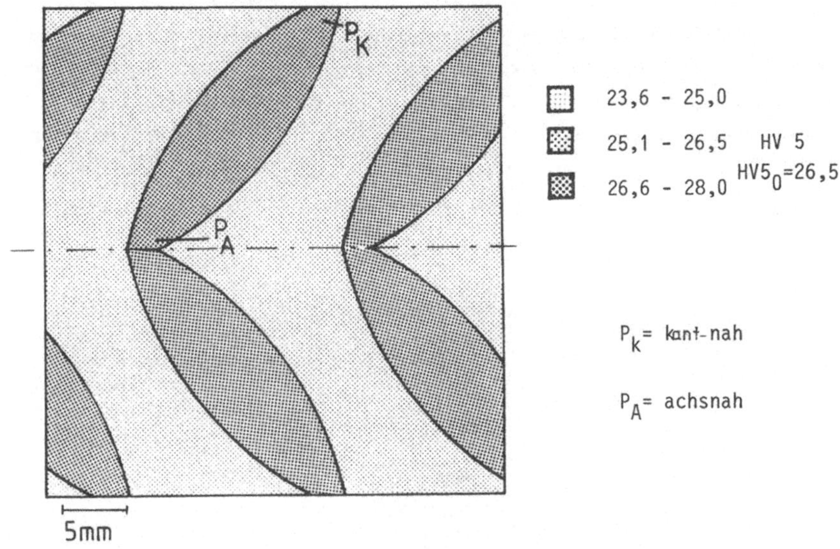

Bild 51: Härteverteilung Rechteckprofil im Längsschnitt (warm).

5.2.2 Kreuzprofil

Die Werkstoffflußuntersuchungen beim Kreuzprofil beschränken sich ausschließlich auf die Ermittlung der Härteverteilung an ausgewählten Querschnitten und auf metallographische Schliffe dieser Querschnitte. Die Härteverteilung über dem Querschnitt wurde für vier verschiedene, kaltumgeformte Abmessungen ermittelt, deren gemeinsames Merkmal der Ausgangsdurchmesser des Rohteils von 100 mm mit einer Härte von HV 5_0 = 26,5 war. Die erforderliche Achteckzwischenform, aus der sich dann die entsprechende

Kreuzhöhe ergibt, wurde durch Radialumformen hergestellt. Dabei wurden drei verschiedene Durchmesser des Ausgangsachtecks eingesetzt (85 mm, 75 mm und 68 mm). Beim Durchmesser 75 mm wurden zwei unterschiedlichen Rippenbreiten (25 mm, 30 mm) untersucht.

Im Bild 52 ist klar erkennbar, daß die äußerste Zone (A_R) eine geringere Härte aufweist. Dies deutet auf eine geringere Formänderung in diesen Bereichen hin. Die geringe Werkzeugumschließung bzw. der große Anteil freier Oberfläche können hierfür als Ursache angesehen werden. Diese weichen Randzonen treten bei allen untersuchten Kreuzprofilabmessungen auf. Im Inneren des Kreuzprofils besteht eine Zone (A_{Kr}) höherer Härte, die kreuzförmig ausgebildet ist. Dies läßt auf eine starke Tiefenwirkung der kreuzformenden Werkzeuge in Bezug auf die Formänderungsverteilung schließen. Die mit den Buchstaben A_W bezeichneten Gebiete geringer Härte lassen wegen einer an dieser Stelle zu erwartenden hohen Formänderung vermuten, daß hier durch die bei der Umformung entstehende Wärme der Zusammenhang zwischen wachsender Formänderung und Härtesteigerung nicht mehr gegeben ist.

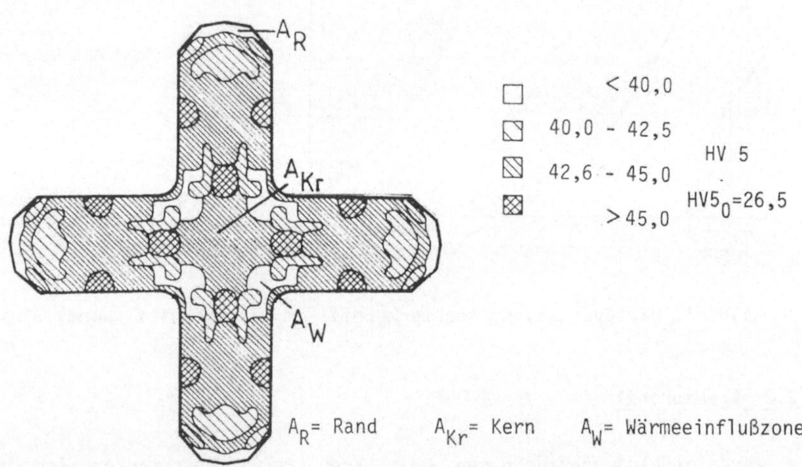

Bild 52: Härteverteilung Kreuzprofil (d = 88 mm).

Die Härteverteilung im Querschnitt der Kreuzprofile mit gleicher Kreuzhöhe (75 mm) und unterschiedlicher Rippenbreite ist in Bild 53 einander gegenübergestellt. Hier wird neben der für alle Kreuzprofile geltenden weichen Randzone vor allem deutlich, daß der Einfluß der kreuzformenden Werkzeuge mit zunehmender Rippendicke bzw. abnehmender Eindringtiefe abnimmt. Dies läßt sich daran erkennen, daß der Kernbereich des Querschnitts mit den breiteren Rippen kaum durch die kreuzformenden Werkzeuge beeinflußt wird (Bild 53 a). Bei abnehmender Rippenbreite, also zunehmender Eindringtiefe der Kreuzwerkzeuge, wird die nahezu ungestörte Kernstruktur aufgelöst (Bild 53 b). Der entfestigende Einfluß durch die auftretende Umformwärme direkt unter den Spitzen der kreuzformenden Werkzeuge A_E ist hier nicht mehr erkennbar.

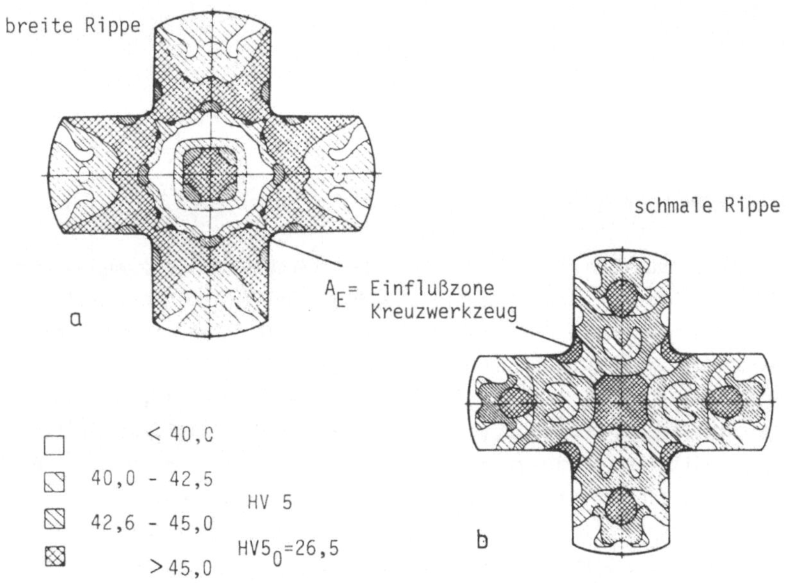

Bild 53: Härteverteilung Kreuzprofil (d = 75 mm).

Das Bild 54 schließlich zeigt die Härteverteilung im Querschnitt eines Kreuzprofils, das aus einem Achteck mit der Schlüsselweite 68 mm entstanden ist. Hervorstechend scheint hier die gleichmäßige Härteverteilung über große Bereiche des Querschnitts. Dies liegt zum großen Teil an der großen Formänderung bei der Herstellung der Achteckzwischenform und an der geringen Eindringtiefe der kreuzformenden Dreieckswerkzeuge.

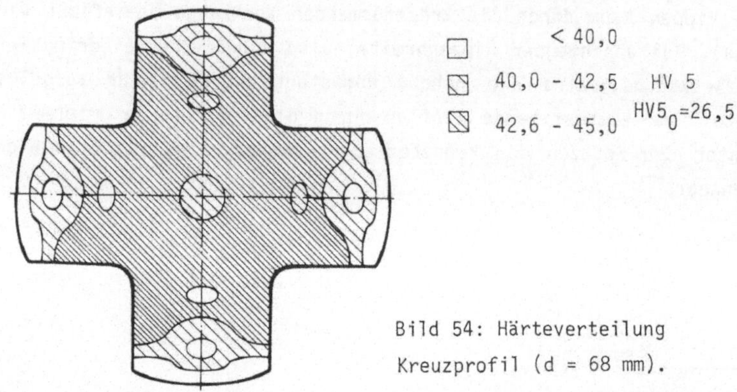

Bild 54: Härteverteilung Kreuzprofil (d = 68 mm).

5.2.3 Doppel-T-Profil

Für das Doppel-T-Profil wurde die Härteverteilung im schmalen Längsschnitt, im breiten Längsschnitt und im Querschnitt (B. 27) in drei senkrecht zueinanderstehenden Ebenen, ermittelt. Im schmalen und im breiten Längsschnitt (Bilder 55,56) wurde bei den jeweils letzten Stufen der für die Visioplasticity verwendeten Proben die Härteverteilung ermittelt, um einen direkten Vergleich mit der mit der Methode der Visioplasticity jeweils ermittelten Formänderungsverteilung zu erhalten. Im schmalen Längsprofil zeigt sich qualitativ eine sehr gute Übereinstimmung zu der mit der Visioplasticity ermittelten Vergleichsformänderungsverteilung, wobei auch hier das typische Schmiedekreuz erkennbar ist. Die größten Härtewerte tre-

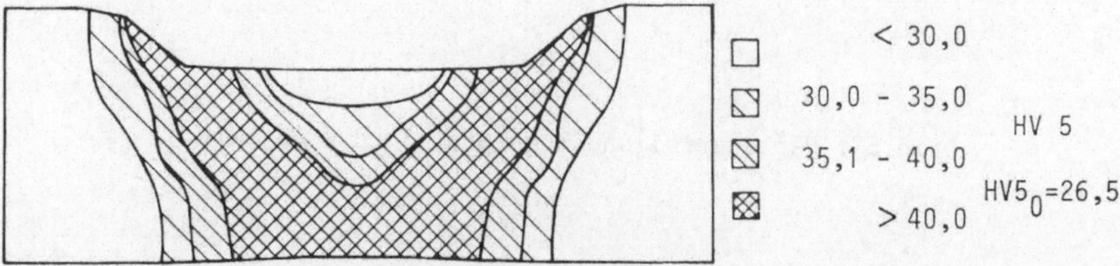

Bild 55: Härteverteilung im schmalen Längsschnitt des Doppel-T-Profils.

ten in der Mitte im Kernbereich und direkt unter der Werkzeugkante auf. Direkt unter der Werkzeugmitte sind in oberflächennahen Bereichen nur geringe Härtesteigerungen erkennbar, was darauf hindeutet, daß diese Bereiche, wie bei den Visioplasticityuntersuchungen festgestellt, nahezu starr bleiben. Dies unterstreicht die Notwendigkeit, daß bei einer geforderten, gleichmäßigen Härte- bzw. Formänderungsverteilung bei der Arbeitsablaufplanung geringere Eindringtiefen und versetzte Vorschübe verwendet werden müssen. Bei der Betrachtung der Härteverteilung (Bild 56) im breiten Längsprofil sind die Einflußzonen des stegformenden (A_S) und den rippenformenden Werkzeuges (A_R) klar erkennbar. Analysiert man die Einflußzonen des rippenformenden Werkzeuges isoliert, läßt sich eine ähnliche Härteverteilung wie im schmalen Längsprofil erkennen, wobei die Härtewerte in der Mitte direkt unter dem Werkzeug in oberflächennahen Bereichen gegenüber den Spitzenwerten etwas weniger abfallen, als beim schmalen Längsprofil. In der Einflußzone des stegformenden Werkzeuges nimmt die Härte von einem Maximum im Mittenbereich in Achsrichtung stetig ab. Dies gilt für die gesamte Werkzeugbreite des stegformenden Werkzeuges.

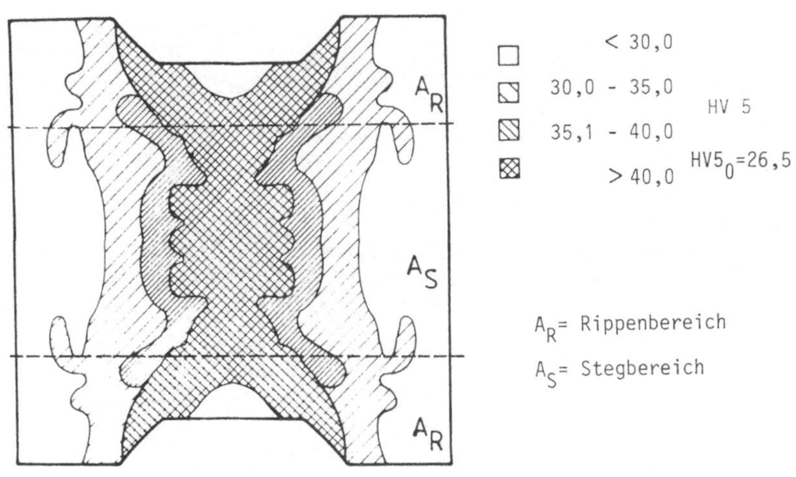

Bild 56: Härteverteilung im breiten Längsschnitt (X-z-Ebene) beim Doppel-T-Profil.

Für die Ermittlung der Härteverteilung über dem Querschnitt des Doppel-T-Profils wurde zur Erfassung der Schwachstellen, d. h. der Abweichungen von der gleichmäßigen Härteverteilung, eine Querprofilgeometrie gewählt, die im Unterschied zu den vorhergehenden Untersuchungen mit einem erhöhten flächenbezogenen Umformgrad einem fertiggeschmiedeten Doppel-T-Profil entspricht (Bild 57). Dabei tritt unter dem stegformenden Werkzeug eine gleichmäßige Formänderungsverteilung auf, wobei in unregelmäßigen Abständen kleinere Gebiete mit etwas höherer und etwas niedrigerer Härte eingelagert sind. Der Rippenbereich dagegen ist gekennzeichnet durch eine inhomogene Härteverteilung, wobei die größte Härte in der Scherzone (A_{Sch}) der Werkzeugkante auftritt. Im Randgebiet der Rippe, an der dem stegformenden Werkzeug zugewandten Seite, ist ein Gebiet geringer Härte (A_{RSt}) zu sehen, was auf eine zu geringe Werkzeugumschließung an dieser Stelle zurückzuführen ist. Die Wirkung des rippenformenden Werkzeuges bleibt auf die werkzeugnahen Bereiche der Rippe beschränkt (A_{Ra}). Diese Härteverteilung über dem Querschnitt eines Doppel-T-Profils deutet insgesamt auf eine genügend hohe Durchschmiedung hin (ε_v= 0,4), da auch die weichsten Bereiche mit einer Härte von 37,5 HV 5 wesentlich über der Ausgangshärte von 26,5 $HV5_0$ liegen.

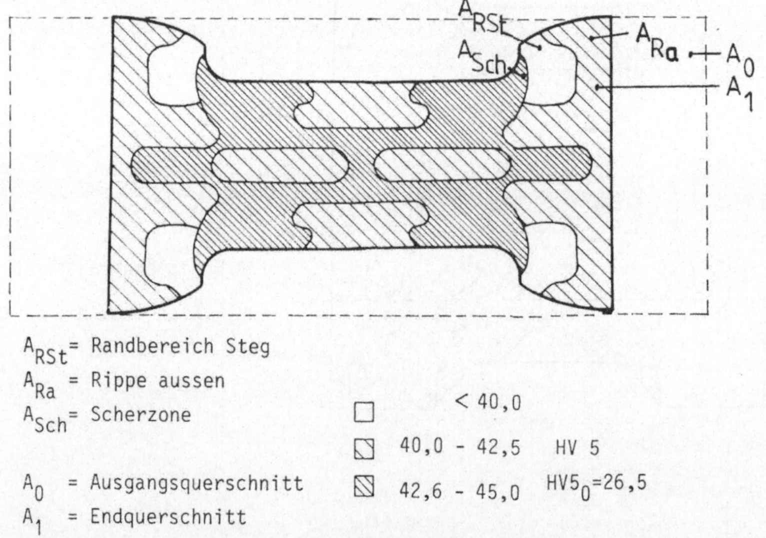

Bild 57: Härteverteilung im Doppel-T-Querprofil (kalt).

Ergänzend zu diesen Untersuchungen wurden bei einem warm umgeformten Doppel-T-Profil (Al 99,5, 350° C) die Härteverteilung im Querschnitt ermittelt (Bild 58). Dabei tritt wiederum eine gleichmäßige Härteverteilung auf, wobei die Werte im Bereich von 28 bis 33 HV 5 wesentlich geringer als beim kaltgeschmiedeten Profil sind. Deutlich sichtbar ist die auf eine schnelle Abkühlung bei der Umformung zurückzuführende Härtesteigerung an den Werkzeugkontaktflächen (A_{Ko}). Die dem stegformenden Werkzeug zugewandte Seite des Rippenrandbereiches (A_{Rw}) bildet auch beim warmumgeformten Doppel-T-Profil eine weiche Zone, wobei der fehlende Werkzeugkontakt und die verbleibende, freie Oberfläche eine langsame Abkühlung während der Umformung und damit eine geringere Härte hervorruft.

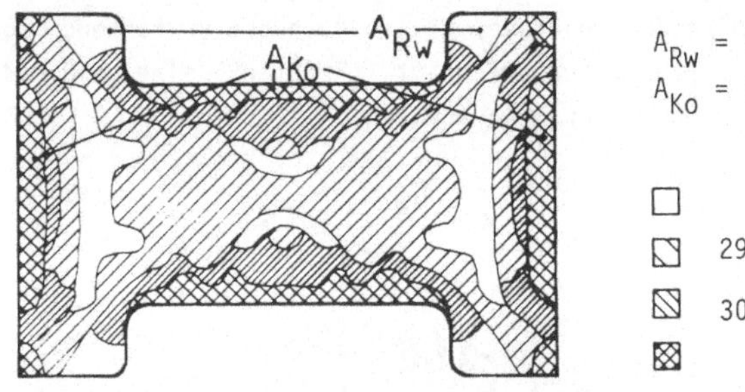

Bild 58: Härteverteilung im Doppel-T-Querprofil (warm).

5.2.4 Doppel-Y-Profil

Im schmalen Längsschnitt (Bild 27) des Doppel-Y-Profils wurde der Einfluß des einzelnen Umformvorganges auf die Härteverteilung ermittelt (Bild 59). Der als Schmiedekreuz bezeichnete, kreuzförmige Bereich hoher Härte im Längsschnitt ist hier sehr gut erkennbar. Seine axiale Ausdehnung im Kerngebiet stimmt mit der Werkzeuglänge überein. Damit wird es möglich, schon beim ersten Schmiededurchgang bei genügender Eindringtiefe eine Durchschmiedung im Kernbereich zu gewährleisten. Im Gebiet unter der Werk-

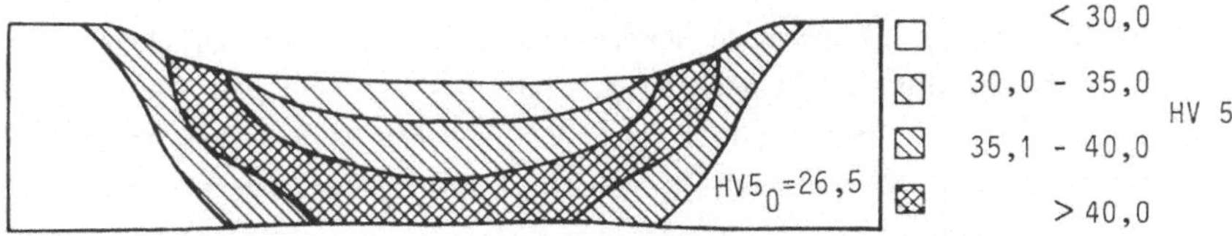

Bild 59: Härteverteilung im schmalen Längsschnitt des Doppel-Y-Profils.

zeugmitte sind im Kernbereich die ermittelten Härtewerte etwas geringer als bei dem unter vergleichbaren Voraussetzungen geschmiedeten Doppel-T-Profil. Für diesen Fall läßt sich die qualitative Übereinstimmung zwischen dem durch die Methode der Visioplasticity ermittelten Verlauf der Vergleichsformänderungen in Längsrichtung und der entsprechenden Härteverteilung zeigen (Bild 60). Weiterhin wird aus diesem Bild deutlich, daß der Bereich direkt unter dem Werkzeug an oberflächennahen Gebieten nur geringe Härtesteigerungen aufweist. Dies deutet auch in diesem Fall darauf hin, daß der Werkstoff in diesem Gebiet nicht umgeformt, sondern starr nach innen gedrückt wird. Für eine gleichmäßige Durchschmiedung oberflächennaher Bereiche ist es demzufolge auch bei dieser Profilform erforderlich, mit reduzierter Eindringtiefe und mehreren Schmiededurchgängen sowie einem gegenüber dem ersten Schmiededurchgang versetzten Vorschub zu fahren, sofern nicht schon im Zwischenformquerschnitt (Rechteck) eine genügende Durchschmiedung oberflächennaher Bereiche vorliegt.

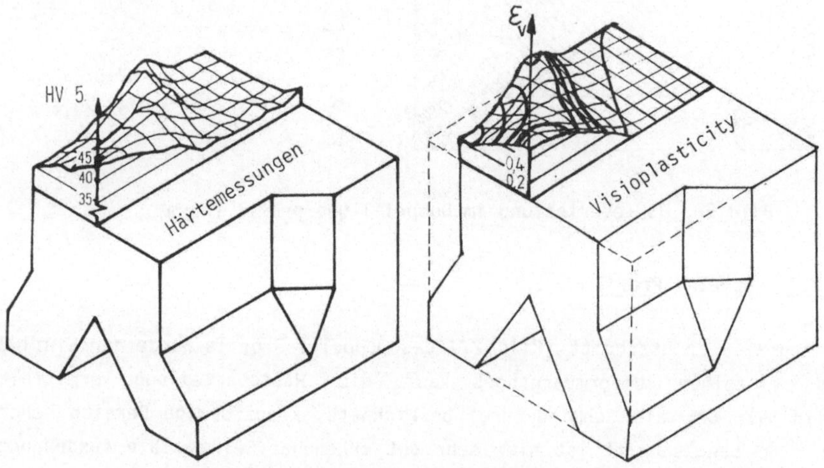

Bild 60: Vergleich zwischen Härteverteilung und Vergleichsformänderung (Visioplasticity) beim Doppel-Y-Profil.

Zur Beurteilung der umformenden Herstellung eines Doppel-Y-Profils auf der Radialumformmaschine ist es notwendig, nicht nur isoliert die Herstellung dieses Profils aus einem Rechteckquerprofil und die sich daraus ergebenden Härtesteigerungen zu betrachten, sondern auch die Zwischenformen (Kreis, Rechteck) mit einzubeziehen. Diese Betrachtungsweise wurde bei der Analyse des Werkstoffflusses im Querschnitt des Doppel-Y-Profils eingesetzt.

Bild 61 zeigt die Härteverteilung im Querschnitt eines Doppel-Y-Profils, das, ausgehend von der kreisförmigen Vorform, mit dem Durchmesser 100 mm über eine Rechteckzwischenform geschmiedet wurde.Dabei zeigt sich in der Mitte, direkt unter dem stegformenden Werkzeug, ein Bereich großer Verfestigung, der auf größere Formänderungen hindeutet. Eine sehr weiche Zone bilden die äußersten Randbereiche der Rippen. Die Ursache hierfür ist, wie beim Kreuzprofil, in der geringen Werkzeugumschließung, bzw. in dem großen Anteil der freien Oberfläche in diesem Gebiet, zu sehen. Es ist daher erforderlich, diese weichen Bereiche, insbesondere für Werkstücke mit hohen Festigkeitsanforderungen, abzuspanen. Die restlichen Gebiete in diesem Querschnitt zeigen eine insgesamt gleichmäßige Härteverteilung, wobei die etwas weicheren linsen- bzw. hufeisenförmigen Gebiete aus den weichen Gebieten der Rechteckzwischenform entstanden sind. Insgesamt gilt für alle untersuchten Profile, daß im Kernbereich dieser Profile infolge hoher Härte, wie aus der Härteverteilung im Quer- und im Längsschnitt ersichtlich ist, starke Formänderungen vorliegen. Die äußersten Rippenbereiche bleiben aufgrund geringer Werkzeugumschließung und freier Oberfläche weicher als die restlichen Gebiete des Querschnitts.

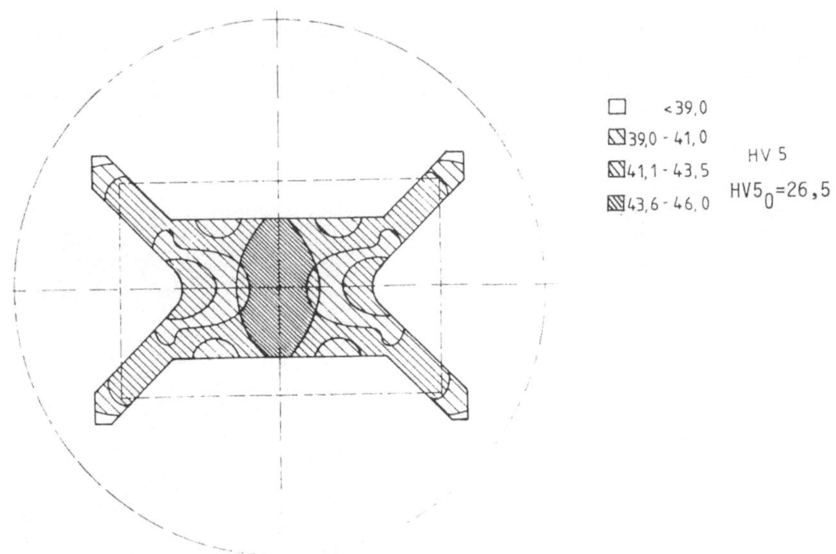

Bild 61: Härteverteilung im Doppel-Y-Querprofil (Vorform Kreis mit d = 100 mm).

5.3 WERKSTOFFFLUßANALYSE MIT METALLOGRAPHISCHEN SCHLIFFEN

Bei der Werkstoffflußanalyse mit Hilfe metallographischer Schliffe in ausgewählten Ebenen des umgeformten Werkstücks spielt die Herstellungsart des Rohteils eine maßgebliche Rolle, da diese den sich einstellenden Faserverlauf im Rohteil bestimmt. Bei den verwendeten stranggepreßten Rohteilen mit einem Durchmesser von 100 mm aus Al 99,5 ist bei metallographischen Schliffen ein längsachsenorientierter Faserverlauf (Preßachsenrichtung) erkennbar. Kennzeichnend für diesen Faserverlauf sind langgestreckte, dunkle und helle Zonen, die zu Gebieten unterschiedlichen Gefüges zuzuordnen sind. Diese hellen und dunklen Zonen bilden im Querschnitt des Rohteils konzentrische, ringförmige Gebiete.

5.3.1 Rechteck

Im Bild 62 sind die metallographischen Schliffe im Längsschnitt eines kalt und eines warm erzeugten Rechteckquerprofils (42 X 66mm, kalt und 40 X 62 mm, warm), die von einem kreisförmigen Ausgangsquerschnitt mit dem Durchmesser 100 mm abgeschmiedet wurden, dargestellt. Beim kaltgeschmiedenen Profil ist die längsachsenorientierte Faserstruktur deutlich erkennbar.

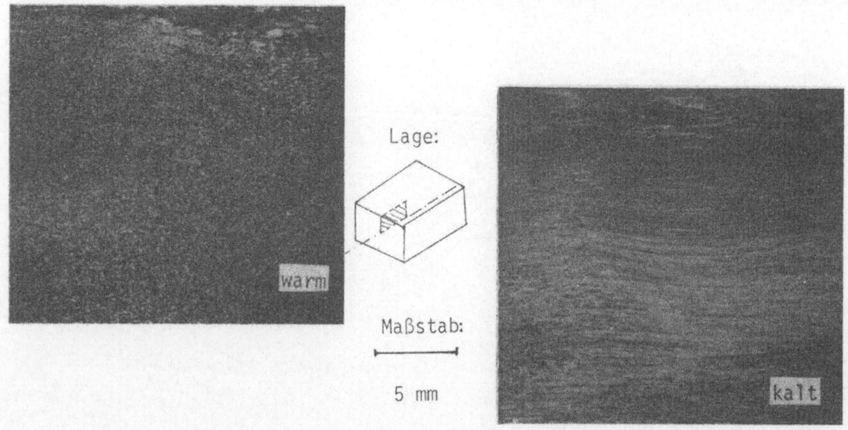

Bild 62: Metallografische Schliffe im Längsschnitt des Rechteckprofils (warm, kalt).

Die Welligkeit des Faserverlaufs deutet darauf hin, daß die Wirkung der Maschinenhübe in der letzten Überschmiedung bis in den Kernbereich hineinreicht.

Beim warmumgeformten Rechteckquerprofil liegt im Kernbereich des Werkstücks ein feinstrukturiertes Gefüge ohne Vorzugsorientierung vor. In diesem Fall wurde mit der großen Anzahl von 7 Schmiededurchgängen das stark längsachsenorientierte Ausgangsgefüge durch die erhöhte Temperatur in ein feinkörniges Gefüge umstrukturiert. Die etwas gröbere Struktur an der Oberfläche des Werkstücks mit einer mäßigen axialen Orientierung läßt sich auf die Abkühlung durch die Werkzeugberührung an der Oberfläche während der Umformung zurückführen.

5.3.2 Kreuzprofil

Bei der Analyse des Werkstoffflusses im Querschnitt des Kreuzprofils stellen die ringförmigen Zonen unterschiedlichen Gefüges im Querschnitt des runden Rohteils natürliche Markierungen dar, an denen sich der Werkstofffluß im Inneren des Werkstücks mit kreuzförmigem Querprofil sehr gut veranschaulichen läßt. Bild 63 zeigt die metallographischen Schliffe für verschiedene Abmessungen des Kreuzprofils. Bei der kleinsten relativen Eindringtiefe ε_{hk} (ε_{hk} = (Durchmesser Rohteil- kleine Diagonale im Kreuzprofil)/Durchmesser des Rohteils) sind im äusseren Bereich die vorher konzentrischen Kreise in Quadratform erkennbar (Bild 63a). Die Wirkung der Werkzeuge geht fast bis in den Kernbereich hinein, was an der näherungsweise quadratischen Form der inneren, weißen Zone deutlich wird. Bei zunehmender relativer Eindringtiefe (Bild 63b) werden diese Zonen sehr stark verzerrt und sind schließlich im Inneren als außenkonturorientierter Faserverlauf sichtbar. Bei außenkonturorientiertem Faserverlauf ist auch im Inneren eines Querprofils die Außenkontur anhand der Orientierung des Faserverlaufs erkennbar. In oberflächennahen Randbereichen entsteht eine neue Faserstruktur, die wesentlich feiner ist und sich ebenfalls durch die Längsorientierung parallel zur Oberfläche auszeichnet. Da diese neu entstandene Struktur feiner als die des Ausgangszustandes ist, kann in diesen Bereichen ein homogeneres Makrogefüge angenommen werden.

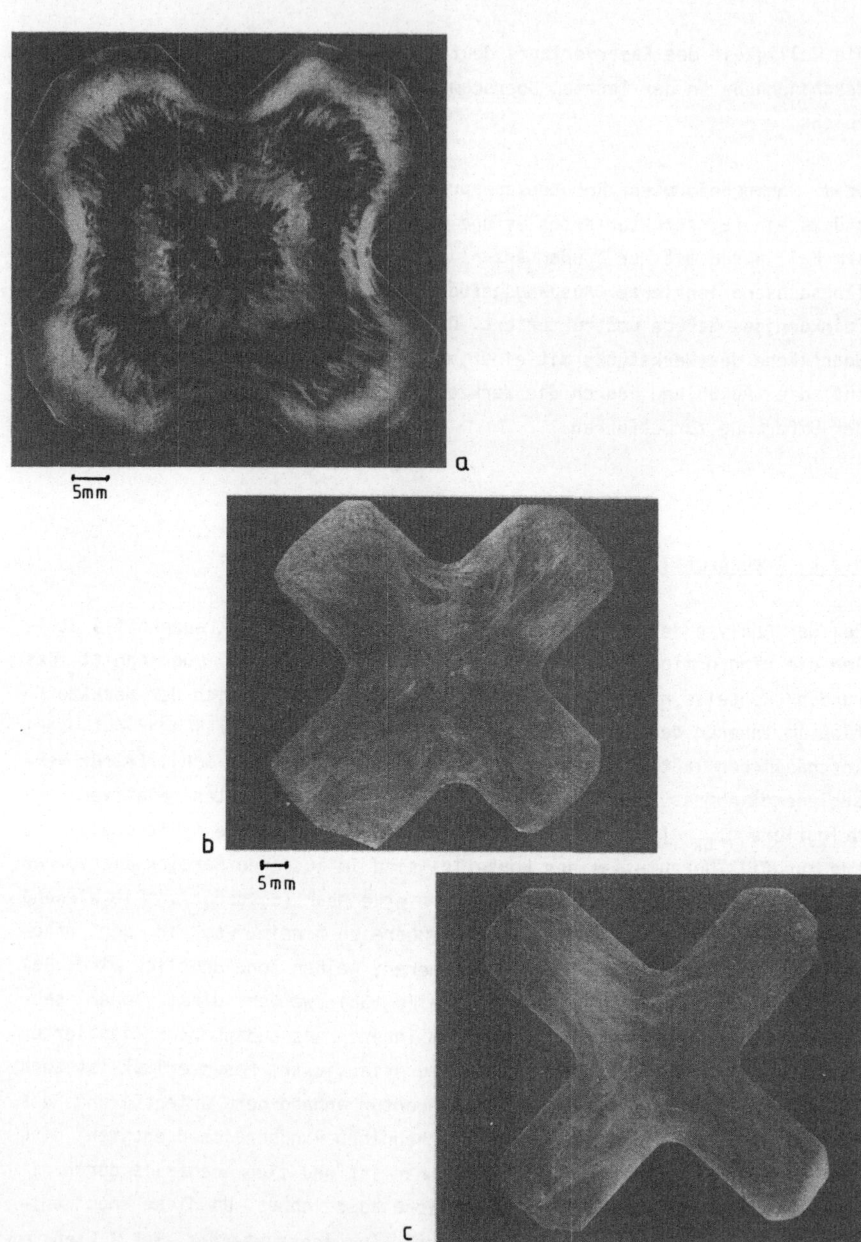

Bild 63: Metallografische Schliffe Kreuzprofil.

Die Auswirkungen einer großen relativen Eindringtiefe werden in Bild 63c deutlich sichtbar. Im Inneren zeigt sich weiterhin der jetzt sehr stark außenkonturorientierte Faserverlauf des ursprünglich aus konzentrischen Kreisen bestehenden Makrogefüges. Der feinstrukturierte Faserverlauf im Außenbereich wächst mit zunehmender relativer Eindringtiefe bis in die Mitte hinein. In diesen geätzten Schliffen des Kreuzprofils ist deutlich erkennbar, daß die Gebiete unter den Spitzen des Dreieckswerkzeugs einen sehr kleinen Faserabstand besitzen, wobei kleiner werdende Faserabstände einer wachsenden Formänderung entsprechen.

5.3.3 Doppel-T-Profil

Bei der Werkstoffflußanalyse mit metallographischen Schliffen wurden beim Doppel-T-Profil verschiedene Herstellvarianten untersucht. Bild 64a zeigt den Querschnitt eines Doppel-T-Profils, das aus einem Rohteil mit kreisförmigem Querschnitt (d = 100 mm) über die Rechteckzwischenform ohne Zwischenglühen kalt geschmiedet wurde. Im Stegbereich ist eine Faserorientierung zu erkennen, die parallel zur Stegoberfläche liegt. Dieser konturorientierte Faserverlauf schwächt sich im Rippenbereich ab, er ist nahe der freien Oberfläche im Außenbereich der Rippe nicht mehr erkennbar. Dies bedeutet, daß kein Werkstofffluß in die Rippe hinein stattfindet. Die Entstehung der Rippe bei dieser Herstellvariante ist einem Stauchvorgang im Rippenbereich vergleichbar.

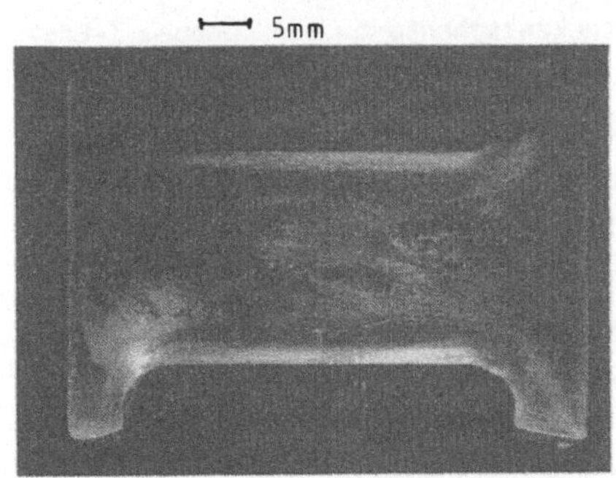

a Vorform Kreis d= 100 mm

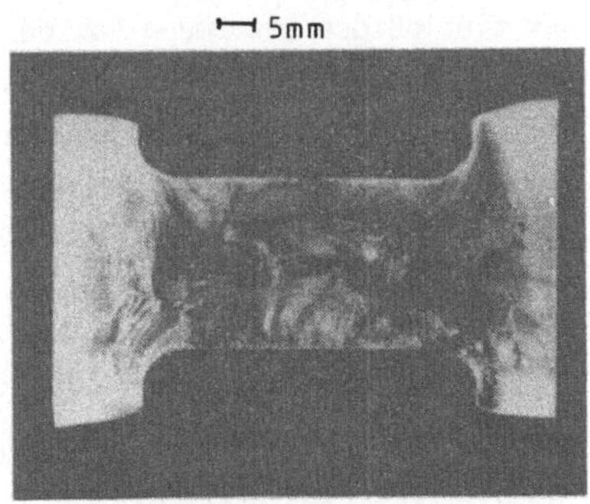

b Vorform Rechteck 40 x 85 mm

Bild 64: Metallografischer Schliff Doppel-T-Profil (kalt)

Den metallographischen Schliff eines Doppel-T-Profils, das in warmem Zustand aus denselben Rohteilabmessungen geschmiedet wurde, zeigt Bild 65. Die feinstrukturierten oberflächennahen Bereiche mit einer Orientierung parallel zur Oberfläche, werden durch einen groben Faserverlauf überlagert, der sich längs der Stegoberfläche anlegt.Man kann annehmen, daß diese Grobstruktur noch aus den konzentrischen, ringförmigen Gebieten im Querschnitt des Rohteils entstanden ist.

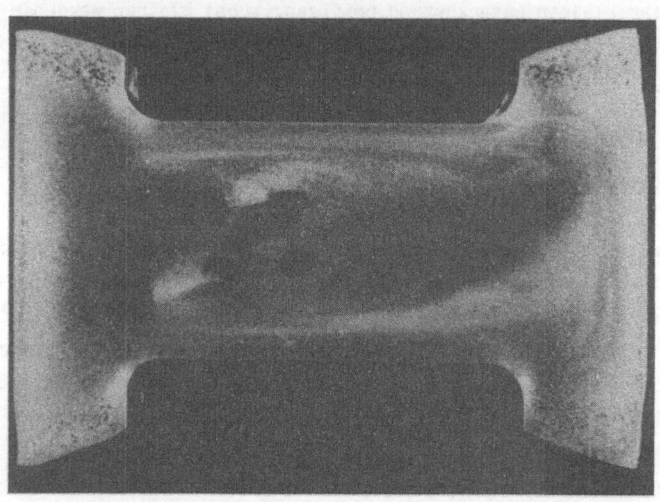

Bild 65: Metallografischer Schliff Doppel-T-Profil (warm, Vorform Kreis d = 100 mm).

Der Einfluß der Umformung von der Rechteckzwischenform zur Doppel-T-Endform läßt sich durch die Verwendung der Rechteckzwischenform als Rohteil ermitteln. Bei der Betrachtung des metallographischen Schliffes eines auf diese Weise entstandenen Doppel-T-Profils (Bild 64b) ist nahezu keine Vorzugsorientierung der dunklen bzw. hellen Bereiche erkennbar. Lediglich nahe der Oberfläche am Übergang zwischen Steg und Rippe ist eine Faserorientierung parallel zur Oberfläche des Doppel-T-Profils sichtbar. In den restlichen Bereichen bleibt der Faserverlauf, wie er auch im Rohteil vorliegt, nahezu erhalten. Dies führt zu der Überlegung, daß bei dynamisch hochbeanspruchten Teilen, die einen beanspruchungsgerechten Faserverlauf besitzen sollen, die Umformstufe vom Rechteck zum Doppel-T-Profil alleine nicht genügt.

Für hochbeanspruchte Doppel-T-Profile gibt es die Möglichkeit, über die Doppel-Y-Zwischenform einen optimierten Faserverlauf im Querprofil zu erzeugen (Bild 66). Weiterhin bietet dieses Prinzip mit dem Doppel-Y-Querprofil als Zwischenform für das Doppel-T-Profil die Möglichkeit sehr hohe Rippen zu erzeugen.

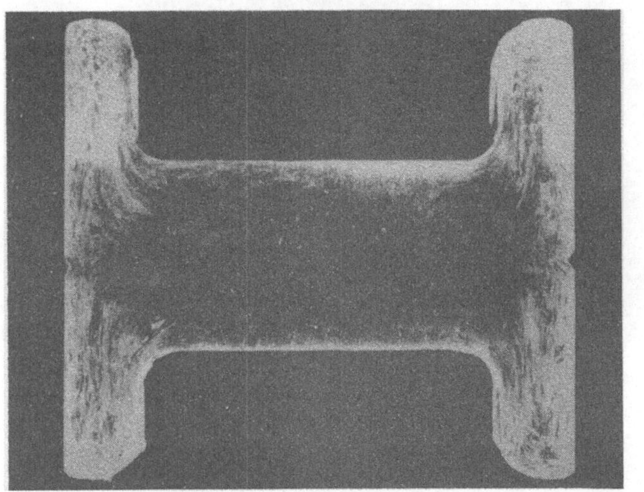

5mm

Bild 66: Metallografischer Schliff Doppel-T-Profil mit Doppel-Y-Vorform.

5.3.4 Doppel-Y-Profil

Im Gegensatz zum Doppel-T-Profil ergibt sich bei den metallographischen Schliffen des Doppel-Y-Profils ein Faserverlauf, der im Querschnitt bis in die Außenbereiche der Rippen hinein der Außenkontur des Profils folgt. Im Bild 67a ist bei einem etwas geringeren geometrischen Umformgrad die grobe Struktur des Rohteils teilweise noch erkennbar. Wird dann, wie in den Bildern 67b und 67c dargestellt, der Umformgrad erhöht, entsteht im Inneren ein sehr feiner, stark außenkonturorientierter Faserverlauf. Dabei deuten die sehr eng aneinanderliegenden, längsorientierten, dunklen und hellen Bereiche in den Ecken (A_E) auf eine hohe Formänderungskonzentration in diesen Gebieten hin, während sehr starke Unterschiede im Faserabstand (A_Q) auf größere Schiebungsanteile schließen lassen. Anhand dieser metallographischen Schliffe wird deutlich, daß das Doppel-Y-Profil einer dynamischen Beanspruchung in der betrachteten Ebene sehr gut widerstehen kann.

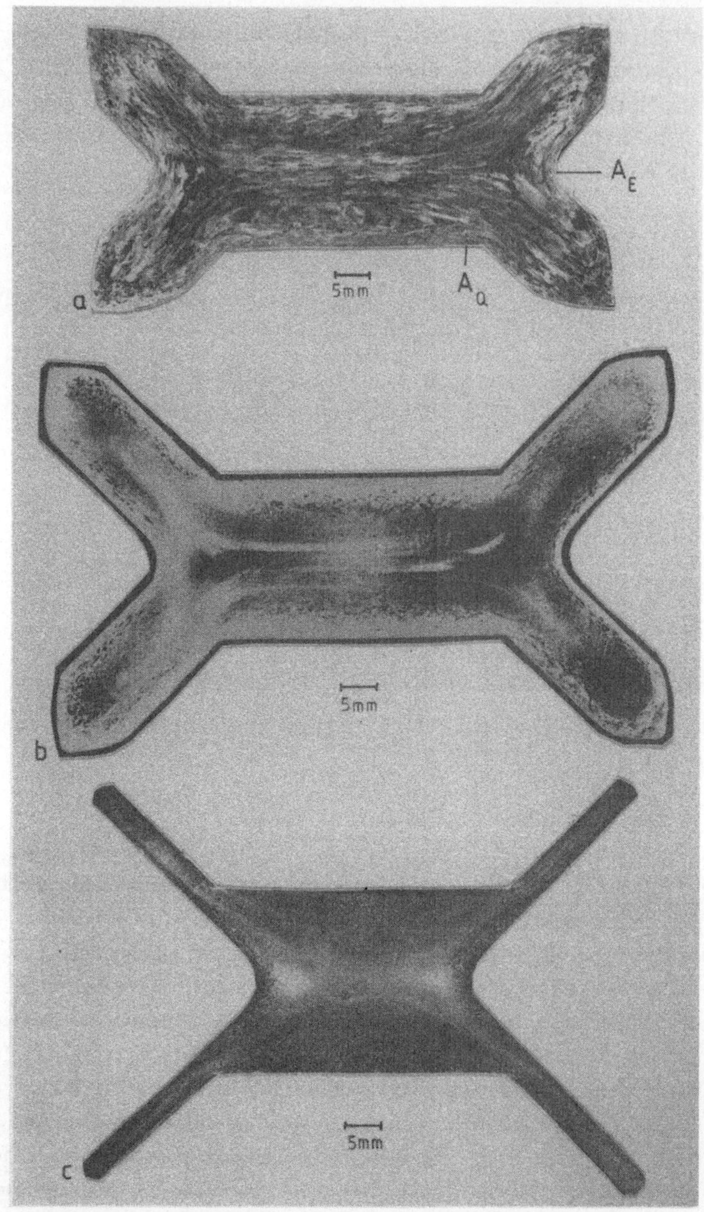

Bild 67: Metallografische Schliffe Doppel-Y-Profil.

5.4 ÜBERTRAGBARKEIT DER ERGEBNISSE NUMERISCHER WERKSTOFFFLUßSIMULATION(FEM) AUF DIE HERSTELLUNG VON SONDERPROFILEN

Bei der umformenden Herstellung von Sonderprofilen treten grundsätzlich dreidimensionale Spannungs- und Formänderungszustände auf. Zur Simulation von dreiachsigen Formänderungen steht zur Zeit kein Programmsystem zur numerischen Analyse mit Hilfe der Finiten Elemente-Methode zur Verfügung. Deshalb ist es notwendig, sich bei der numerischen Simulation auf ausgewählte Ebenen zu beschränken, in denen ein zweiachsiger Formänderungszustand angenommen werden kann. Zur Durchführung dieser zweidimensionalen FEM-Analyse steht das von Roll am Institut für Umformtechnik der Universität Stuttgart entwickelte Programm PLADAN zur Berechnung instationärer Umformvorgänge zur Verfügung, das in /56/ ausführlich beschrieben wird. Dieses Programmsystem wurde zur Simulation des Radialumformvorgangs verwendet /14/. Innerhalb dieser Untersuchungen wurden verschiedene Verfahrensparameter des Radialumformens wie Eindringtiefe, Bißverhältnis und Werkzeugkantenradius, variiert. Ursprünglich waren diese Arbeiten auf das Radialumformen regelmäßiger Vielecke (Acht- und Sechzehneck) beschränkt, bei denen mit guter Näherung in der Symmetrieebene der Längsachse ein ebener Formänderungszustand angenommen werden kann.

Im Rahmen der Werkstoffflußuntersuchungen mit der Methode der Visioplasticity konnten für das Doppel-T- und das Doppel-Y-Profil ebenfalls Ebenen gefunden werden, die sich durch einen ebenen Formänderungszustand während der Umformung auszeichnen. Kennzeichnendes Merkmal dieser Ebenen ist es, daß in der senkrecht zur Schnittebene liegenden Richtung keine Formänderung auftritt. Dieser Fall liegt dann vor, wenn die durch die vier Punkte der Netzlinien gebildeten Vierecke in der Symmetrieebene ihren Flächeninhalt während der Umformung nicht ändern. Unter den gegebenen Voraussetzungen (ebener Formänderungszustand) erscheint es naheliegend, daß die Ergebnisse der ausgeführten FEM-Simulation auch für ausgewählte Ebenen der Sonderprofile gültig sind. Im folgenden wird kurz auf die wichtigsten Ergebnisse dieser Finite-Elemente-Simulation eingegangen.

Zur Ermittlung des Einflusses des Anfangsbißverhältnisses wurde der Umformvorgang mit vier verschiedenen Sattelbreiten simuliert. Als Werkstoff wurde bei dieser Simulation AlMgSi 0,5 mit einer Ausgangsfließspannung von 125 N/mm^2 eingesetzt. Die Probenhöhe beträgt dabei 72 mm und die Eindringtiefe Δh = 6 mm, was einer relativen Höhenänderung von $\varepsilon_h = 0{,}16$ entspricht. Die vier verschiedenen Werkzeuglängen, die eingesetzt wurden (29, 36, 50 und 60 mm) entsprechen den Anfangsbißverhältnissen von 0,32, 0,42, 0,58 und 0,67. Dabei treten die größten Vergleichsformänderungsgeschwindigkeiten unterhalb der Stempelrundung auf, wie in Bild 68 für s_{b0}=0,32 und s_{b0}=0,67 gezeigt wird. Mit zunehmender Werkzeuglänge bzw. zunehmendem Bißverhältnis ist insgesamt eine deutliche Zunahme der Vergleichsformänderungsgeschwindigkeit zu beobachten, dabei ist die Steigerung bei kleinen Werkzeuglängen etwas stärker und nimmt nach oben hin ab. Eine weitere, wichtige Einzelheit dieser Untersuchungen ist die Erkenntnis, daß bei einem kleinen Bißverhältnis ein hoher mittlerer Werkzeugdruck erforderlich ist, um das Werkstück bis in den Kern hinein zu plastifizieren.

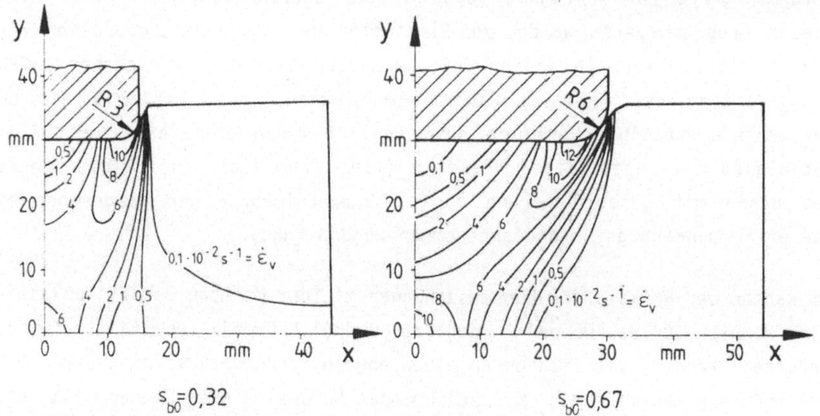

Bild 68: Vergleichsformänderungsgeschwindigkeiten $\dot{\varepsilon}_v$ in Abhängigkeit von s_{bo} /14/.

Der Spannungs- und Formänderungszustand in Abhängigkeit von der Eindringtiefe wurde mit einer Werkstückausgangshöhe von 55 mm und einer Werkzeuglänge von 60 mm simuliert. Die eingesetzten Werkstückwerkstoffeigenschaften entsprechen denen von Al 99,5. Aus der Ausgangsgeometrie ergibt sich ein Anfangsbißverhältnis von 0,91, mit dem dann verschiedene Eindringtiefen (Δh = 2, 3, 4 und 5 mm) simuliert wurden. Im Bild 69 sind die Vergleichsspannungen für die Eindringtiefen von 2 mm und 5 mm dargestellt. Durch die Verfestigung des Werkstoffs ist mit zunehmender Eindringtiefe ein Anstieg der Spannungen zu verzeichnen, wobei die Maximalwerte an der Stempelrundung und in der Werkstückmitte liegen.

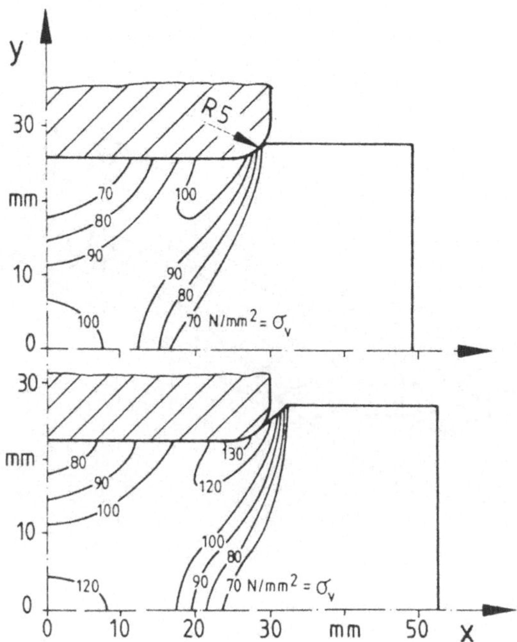

Bild 69: Vergleichsspannungen in Abhängigkeit von der Eindringtiefe /14/.

Der Vergleich der Bilder 70a und 70b macht deutlich, daß die durch numerische Simulation ermittelten Ergebnisse mit den experimentellen Ergebnissen der Visioplasticity-Analyse gut übereinstimmen. Die Vergleichsformänderungsverteilung in Bild 70a wurde im schmalen Längsschnitt des Doppel-Y-Profils mit Hilfe der Methode der Visioplasticity ermittelt. Die Darstellung im Bild 70b zeigt die mit der Methode der finiten Elemente ermittelte Formänderungsverteilung mit dem gleichen Bißverhältnis. Wird folglich bei der Visioplasticity-Analyse der Sonderprofile in bestimmten Ebenen ein ebener Formänderungszustand ermittelt, ist eine numerische Simulation mit Finiten Elementen möglich bzw. bestehende Ergebnisse einer ebenen Simulation behalten ihre Gültigkeit. Weiterführende Untersuchungen mit dem Ziel einer dreidimensionalen Simulation des Radialumformvorganges sind derzeit noch nicht durchführbar. Die komplexe Kinematik des Radialumformvorgangs mit vier Kraftwirkungsrichtungen und der instationäre Charakter dieses Umformvorganges werden auch in Zukunft eine dreidimensionale Simulation erschweren.

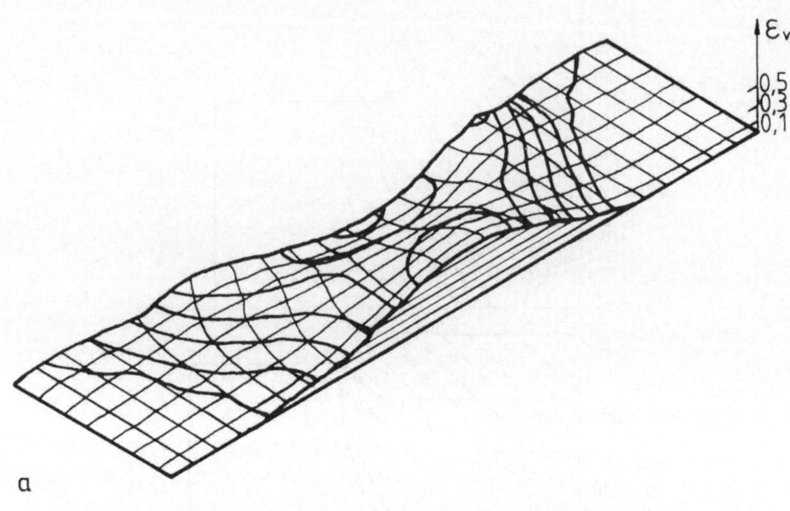

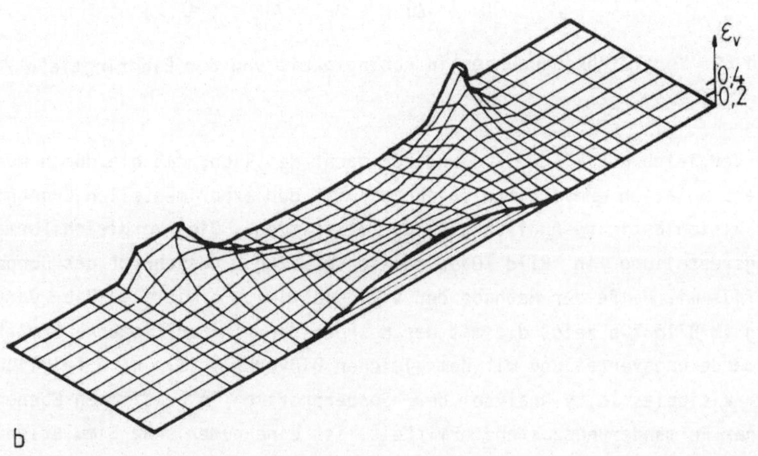

Bild 70: Gegenüberstellung der Vergleichsformänderungen im schmalen Mittellängsschnitt des Doppel-T-Profils, Visioplasticity (oben), FEM (unten).

6. RECHNERGESTÜTZTE ARBEITSABLAUFPLANUNG FÜR SONDERPROFILE

Ein rationeller Einsatz der Radialumformmaschine setzt eine rechnergestützte Arbeitsablaufplanung bzw. Fertigungsdatenbestimmung (NC-Datenerstellung) voraus /14/. Die Komplexität des zu fertigenden Teilespektrums und die Kinematik des Verfahrens müssen innerhalb der zu entwickelnden Programmsysteme bewältigt werden. Der Aufbau dieser rechnergestützten Programmiersysteme zur NC-Datengenerierung erfolgte entsprechend den Entwicklungsstufen bei der Schaffung des erweiterten Teilespektrums. Grundvoraussetzung für die Entwicklung der Bearbeitungsdaten für eine neue Teilegeometrie ist ein einfaches, interaktives Kommunikationssystem (Programmsystem NCPROG)/12/, das die werkstückbezogenen Werkzeugpositionen und die zugehörigen Maschinenfunktionen in maschinenbezogene Bewegungen umsetzen kann. Die konsequente Weiterentwicklung besteht dann im Aufbau eines Programmsystems, das, ausgehend von der gewünschten Werkstückgeometrie, der Werkzeuggeometrie und den technologischen Randbedingungen,die Bearbeitungsdaten zur Herstellung eines Werkstücks erstellt (Programmsystem PROSOP).

6.1 ANWENDUNG VON NCPROG

Das Programmsystem NCPROG wird zur interaktiven NC-Datensatzerstellung für die Radialumformmaschine eingesetzt. Die Dateneingabe erfolgt in der Reihenfolge der nachfolgenden Abarbeitung dieser NC-Daten. Dabei wird in Anlehnung an den Betrieb der Anlage zwischen den Betriebsarten Initialisierung, Bearbeiten, Werkzeugwechsel, Werkstück-wenden und Stop unterschieden.

Am Beginn eines mit dem Programmsystem NCPROG erstellten Arbeitsablaufs für die Radialumformmaschine steht immer ein Datensatz für den Werkzeugwechsel, der das für die Bearbeitungsaufgabe geeignete Werkzeug zum Einsatz bringt. Befindet sich der benötigte Werkzeugsatz bereits im Arbeitsraum der Maschine, wird dieser Datensatz vom Steuerprogramm nicht berücksichtigt. Zur Erstellung der NC-Daten zum Werkzeugwechsel muß nur die Werkzeugnummer im Rundmagazinspeicher und die größte Werkzeuglänge eingegeben werden. Jedem Werkzeugwechsel folgt der sogenannte Initialisierungshub.

Mit dem Initialisierungshub sollen die Fehler bei der Hubendlageneinstellung, die durch Auffederung und mechanisches Spiel entstehen, kompensiert werden. Dies wird dadurch erreicht, daß mit einer voreingestellten Hubendlage ein Arbeitshub ausgeführt wird. Die dabei erreichte wirkliche Hubendlage wird mit dem maschineninternen Meßsystem erfaßt. Aus der Differenz zwischen eingestellter Hubendlage und wirklich erreichter Hubendlage wird die Hubendlage bei den nun folgenden Arbeitshüben korrigiert. Für diesen Initialisierungshub benötigt das Programmsystem NCPROG neben den Abmessungen des Werkstückrohteils die einzustellende Hubendlage der Stößel, die Position des Manipulators und die Werkzeuglänge.

Für die Betriebsart Bearbeiten müssen für die NC-Satzerstellung die Manipulatorposition (axiale Position und Drehlage) sowie die Hubendlage der Stößel und deren Betriebsart eingegeben werden. Bei der Wahl der Betriebsart kann bei Kollisionsgefahr der Werkzeuge im Arbeitsraum neben der synchronen Arbeitsbewegung aller vier Stößel auch die jeweils paarweise Arbeitsbewegung zweier gegenüberliegender Stößel vorgegeben werden. Bei mehreren Arbeitshüben mit gleicher Stößelhubendlage kommt die Angabe des jeweiligen Manipulatorvorschubs nach jedem Arbeitshub und die Anzahl gleicher Vorschübe hinzu. Soll ein Bearbeitungsvorgang beendet werden, erfolgt dies durch die Eingabe einer diesem NC-Satz zugeordneten Zahl. Zusätzlich besteht an dieser Stelle die Möglichkeit, mit dem Programmsystem einzelne NC-Sätze in einen bestehenden Arbeitsablauf einzufügen.

Dieses einfache Programmsystem NCPROG, dessen Aufgabe darin besteht, werkstückbezogene Bearbeitungsmaße in eine für das Steuerprogramm der Maschine lesbare Datenstruktur umzuarbeiten, wurde bei der Entwicklung des auf Sonderprofile zu erweiternden Werkstückspektrums der Radialumformmaschine eingesetzt. Die Struktur der oben beschriebenen Dateneingabe entspricht der Datenstruktur der Schnittstelle zwischen dem komfortablen, im folgenden beschriebenen Programmsystem PROSOP und der Datenanpassung zur Verwendung im Steuerprogramm der Radialumformmaschine. Im derzeitigen Ausbauzustand des Gesamtsystems werden die Daten vom Bediener der Datenausgabe des Systems PROSOP entnommen, überprüft und dann dem System NCPROG zur Weiterverarbeitung übergeben.

6.2 AUFSTELLUNG DES PROGRAMMSYSTEMS PROSOP ZUR RECHNERGESTÜTZTEN ARBEITSABLAUF- UND FERTIGUNGSDATENBESTIMMUNG IM DIALOGBETRIEB

Bei der umformenden kinematischen Gestalterzeugung, wie sie beim Fertigungsverfahren Radialumformen ausgeführt wird, ist es notwendig, die zur Erzeugung einer gewünschten Geometrie benötigten Bearbeitungsdaten aus dieser Werkstückgeometrie und den durch die Maschine bzw. den Werkzeugen gegebenen Randbedingungen unter Berücksichtigung verfahrensspezifischer Einflüsse zu erstellen. Für Werkstücke mit ausgeprägter Längsachse und rotationssymmetrischem Querprofil wird zur automatischen Generierung der Bearbeitungsdaten das im Abschnitt 1.2.3 beschriebene Programmsystem PRORUMII verwendet.

Bei der umformenden Herstellung von Sonderprofilen auf der Radialumformmaschine, handelt es sich in Bezug auf die Entstehung des entsprechenden Querprofils um eine teilweise abformende Gestalterzeugung. Das bedeutet, daß die Form und zum Teil auch die Abmessungen eines entstehenden Querschnitts direkt von der Werkzeuggestalt abhängig sind. Deshalb ist bei der rechnergestützten Arbeitsablauf- und Fertigungsdatenbestimmung (PROSOP) neben der Berücksichtigung der verfahrensspezifischen Kriterien, wie optimaler Faserverlauf, Durchschmiedung und gleichmäßige Formänderung über dem Querschnitt, die Anpassung des Werkstücks an die vorhandenen Werkzeuge und, wenn erforderlich, die Ergänzung des vorhandenen Werkzeugspektrums ein wichtiger Bestandteil.

6.2.1 Rechnergerechte Aufarbeitung der Verfahrensanalyse

Die Berücksichtigung der bei der Verfahrensanalyse erarbeiteten Erkenntnisse bei der Konzeption und Realisierung der rechnergestützten Arbeitsablaufplanung kann die Qualität des Werkstücks, insbesondere hinsichtlich gleichmäßiger Umformung und eines optimierten Faserverlaufs,positiv beeinflussen. Eine gleichmäßige Umformung, bzw. eine gleichmäßige Formänderungsverteilung läßt sich im Querschnitt vor allem durch entsprechende Anpassung von Zwischen- und Endform erreichen.

Beim Entwurf des Arbeitsablaufs für das Doppel-T-Profil kann die Forderung nach gleichmäßiger Umformung im Steg- und Rippenbereich durch die Festlegung einer geeigneten Rechteckzwischenform erfüllt werden. In Bild 16 wird dargestellt, wie in den angesprochenen Bereichen zumindest auf die Querschnittsteilflächen bezogen gleiche Umformgrade erreicht werden. Die Ergebnisse der Härtemessungen aus Abschnitt 5.2.3 im Querschnitt eines nach werkstoffflußoptimierenden Kriterien hergestellten Doppel-T-Profils bestätigen durch die gleichmäßige Härteverteilung die Annahme, daß durch gleiche Umformgrade in den einzelnen Querschnittszonen sich die örtlichen Formänderungen auch relativ gleichmäßig ausbilden (Bild 57). Sofern zur Erfüllung der Forderung nach gleichen Umformgraden in Steg- und Rippenzone unterschiedliche Umformwege der einzelnen Stößel erforderlich sind, müssen, um ein synchrones Auftreffen der Stößel ohne Verwölbung des Ausgangsquerschnitts zu gewährleisten, unterschiedliche Geschwindigkeiten der Stößel steuerungstechnisch realisiert werden.

Beim Entwurf der rechnergestützten interaktiven Arbeitsablaufplanung für das Doppel-Y-Profil wurde der Forderung nach gleichmäßiger Umformung über den gesamten Querschnitt dahingehend Rechnung getragen, daß bei der Eingabe des Doppel-Y-Profils in das Programmsystem eine nach den Zusammenhängen aus Abschnitt 4.3.1.2 (elementare Stofflußtheorie Doppel-Y-Profil) entwickelte Eindringtiefe des Dreieckswerkzeugs berechnet und zur Eingabe empfohlen wird. Dieser Ansatz für eine gleichmäßige Umformung in Steg und Rippe führt hinsichtlich der Härteverteilung im Querschnitt eines kalt umgeformten Doppel-YProfils zu den in Bild 71 gezeigten Ergeb-

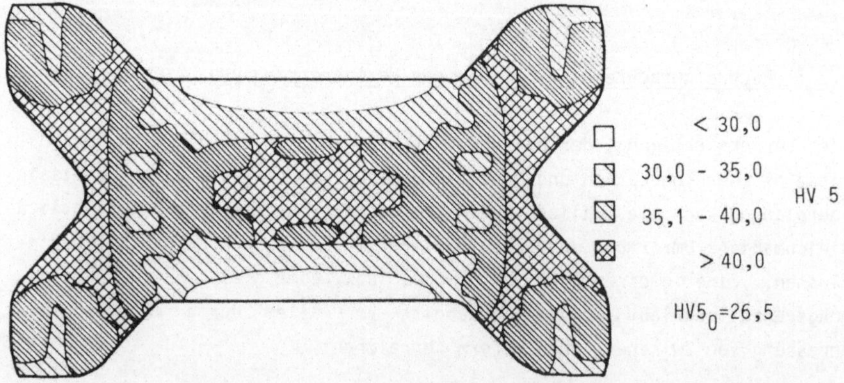

Bild 71: Härteverteilung Doppel-Y-Querprofil (kalt, Vorform Rechteck 85 x 40 mm).

nissen. Als Rohteil wurde hier im Gegensatz zum Beispiel aus Kap. 5.2.4 ein gefrästes Rechteckquerprofil mit einer Breite von 85 mm und einer Höhe von 45 mm verwendet, um die resultierende Härtesteigerung bzw. Steigerung der Formänderung isoliert analysieren zu können. Dabei kann aus der relativ gleichmäßigen Härteverteilung auch auf eine gleichmäßige Formänderungsverteilung geschlossen werden. Unter dem Trapezwerkzeug verbleibt ein schwach umgeformtes Gebiet, das nur durch Überschmieden mit versetztem Vorschub beseitigt werden kann.

Das synchrone Eindringen der Werkzeuge in den Werkstoff beim Kreuzprofil schafft zusammen mit der Verwendung vier identischer Werkzeuggeometrien die Voraussetzung einer gleichmäßigen Umformung in den den Werkzeugwirkrichtungen zugeordneten Gebieten im Werkstückquerschnitt.

Bei der Umsetzung der Verfahrensanalyse mit der Zielsetzung einer gleichmäßigen Umformung, d. h. einer gleichmäßigen Formänderungsverteilung, lassen sich aus den Werkstoffflußuntersuchungen im Längsprofil, insbesondere für das Doppel-T- bzw. für das Doppel-Y-Profil, die nachfolgend dargestellten Optimierungskriterien an geeigneten Programmschnittstellen (Eingabemöglichkeiten) einfügen. Die zu bestimmenden Größen im Arbeitsablauf, die, auf den einzelnen Arbeitshub bezogen, die Ausbildung des Längsprofils beeinflussen, sind das Bißverhältnis bzw. der Vorschub und die relative Eindringtiefe. Die Eindringtiefe und der Vorschub sind die Parameter im Arbeitsablauf beim Radialumformen von Sonderprofilen, mit denen sich neben der Werkstückqualität durch gleichmäßige Formänderungen im Längsschnitt auch die Produktivität des Verfahrens beeinflussen läßt. Je größer die Eindringtiefe und der Vorschub bzw. das Bißverhältnis sind, desto kürzer wird bei gleicher Hubfrequenz die Bearbeitungszeit. Eine wichtige Begrenzung für diese Werte bilden die in den Werkstoffflußuntersuchungen entwickelten Zusammenhänge, die im folgenden für die Arbeitsablaufplan-Generierung interpretiert werden. Weiterhin läßt sich ein zu großer Kraftbedarf beim Umformvorgang, der die Leistungsgrenze der Anlage überschreitet, als eine Beschränkung hinsichtlich der Festlegung von Eindringtiefe und Bißverhältnis einordnen. Daher werden in der Konzeptionsphase einer solchen Anlage die Werkzeuggeometrie unter Berücksichtigung der Leistungsfähigkeit der Anlage auf das Werkstückgeometriespektrum und auf den Werkstückwerkstoff abgestimmt.

Sehr gute Ergebnisse hinsichtlich der Formänderungsverteilung lassen sich mit relativen Eindringtiefen pro Hub im Bereich von 0,13 bis 0,33 erreichen. Der Grenzwert von 0,13 für die relative Eindringtiefe, der einem Wert von 0,1 für den geometrischen Umformgrad entspricht, ergibt sich dadurch, daß bei diesem Grenzwert ein genügend großer Bereich im Kern plastifiziert wird (Bild 72a). Dieser genügend große Bereich ist dadurch gekennzeichnet, daß die Länge der plastifizierten Zone im Kern ($\varepsilon_v > 0{,}05$) größer sein muß als die halbe wirksame Werkzeuglänge. Dadurch ergibt sich dann mit den angestrebten mindestens zwei Schmiededurchgängen mit versetztem Vorschub eine vollständige Plastifizierung der Kernzone. Eine größere relative Eindringtiefe pro Hub als 0,33 ($\hat{=} \varphi_A = 0{,}36$) führt zu einer Konzentration der Formänderung in der Mitte unter dem Werkzeug im Kernbereich (Bild 72b, Zone A_K). Diese hohe Formänderung an einer bestimmten Stelle führt zu einem hohen Gradienten in der Formänderungsverteilung. Dies kann zu überhöhten Eigenspannungen, Inhomogenitäten und unter Umständen sogar zu Rissen im Inneren des Werkstücks führen.

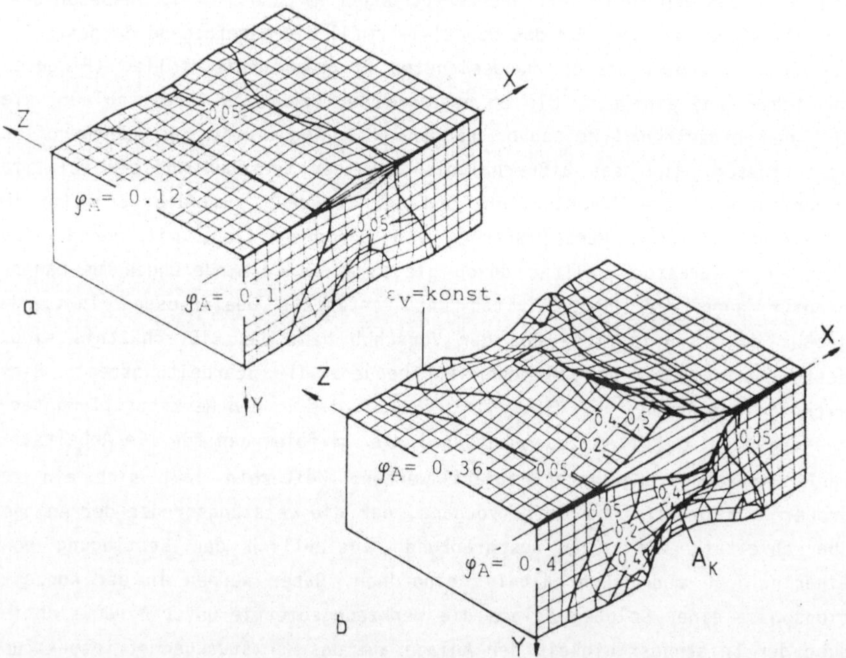

Bild 72: Vergleichsformänderungsverteilung beim Doppel-T-Profil für φ_A = 0,1 und φ_A = 0,4.

Das Bißverhältnis wird bei Sonderprofilen, wie im Bild 22 gezeigt, auf das schmale Längsprofil bezogen. Aus den durchgeführten Werkstoffflußuntersuchungen läßt sich entnehmen, daß bei Berücksichtigung optimierender Randbedingungen (zwei Schmiededurchgänge mit versetztem Hub) das Bißverhältnis bis zu einem Wert s_{b0}=0,9 erhöht werden kann, ohne eine verminderte Gleichmäßigkeit bei der Formänderungsverteilung in Kauf nehmen zu müssen. Wird dagegen ein Profil in einem Schmiededurchgang hergestellt, sollte ein Anfangsbißverhältnis s_{b0}=0,7 nicht überschritten werden, da sonst unter dem Werkzeug nahe der Oberfläche in der Werkzeugmitte starre Bereiche erhalten bleiben.

Diese hier aufgestellten Richtwerte für relative Eindringtiefe und Bißverhältnis wurden am Beispiel des Doppel-T-Profils entwickelt. Das Doppel-Y-Profil ist in der Formänderungsverteilung dem Doppel-T-Profil sehr ähnlich, was durch Visioplasticityuntersuchungen und anhand von Härteverteilungen nachgewiesen werden kann. Der untere Grenzwert der relativen Eindringtiefe für eine genügende Umformung im Längsprofil kann beim Doppel-Y-Profil, wie in Bild 73 gezeigt, aufgrund eines geringeren Gradienten der Formänderungsverteilung, vom Gebiet unter der Werkzeugmitte bis hin zum Werkzeugaußenrand, auf φ_A=0,09 für den geometrischen Umformgrad abgesenkt werden. Beim Kreuzprofil gibt es keine für Visioplasticityuntersuchungen geeigneten Ebenen im Längsprofil. Daher ist es nicht möglich, Angaben über hinsichtlich gleichmäßiger Durchschmiedung optimierte Werte für den geometrischen Umformgrad und das Bißverhältnis zur Verwendung im rechnergestützten Arbeitsablaufplanungssystem zu machen. Die zur Ermittlung der Härteverteilung im Querprofil verwendeten Werte (geometrischer Umformgrad φ_A = 0,3 bis 0,7, s_{b0}= 0,45 bis 0,7) zeigen hinsichtlich Gleichmäßigkeit der Härteverteilung im Querprofil befriedigende Ergebnisse. Diese Werte können demzufolge auch als Richtwerte für das Arbeitsablaufplanungssystem verwendet werden.

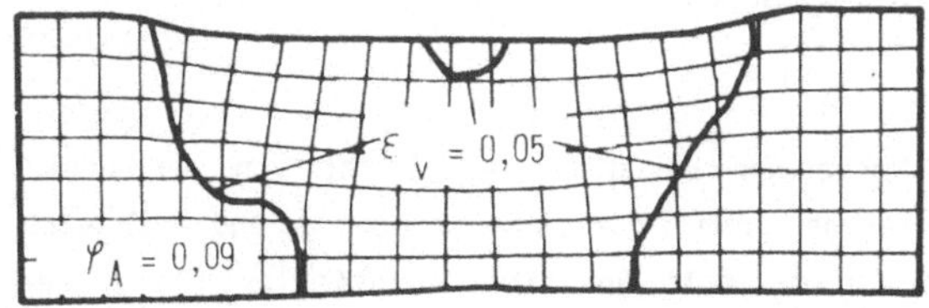

Bild 73: Vergleichsformänderung Doppel-Y-Profil für φ_A = 0,09.

Eine weitere Schnittstelle zwischen den in den Werkstoffflußuntersuchungen gewonnenen Erkenntnissen und der rechnergestützten Arbeitsablaufplanung bildet die Möglichkeit, die Zugaben (z. B. für eine nachfolgende spanende Bearbeitung) stark differenziert in das Programmsystem einzugeben. Im Querprofil wird dabei unterschieden in Zugaben für Maße, die eine Orientierung senkrecht zur Werkzeugwirkrichtung und parallel zur Werkzeugwirkrichtung haben. Einen Sonderstatus nimmt die sogenannte freie Oberfläche ein, die nicht durch eine Werkzeugfläche während der Umformung beaufschlagt wird. Diese verschiedenen Zugabemöglichkeiten werden am Beispiel des Doppel-T-Profils in Bild 74 dargestellt.

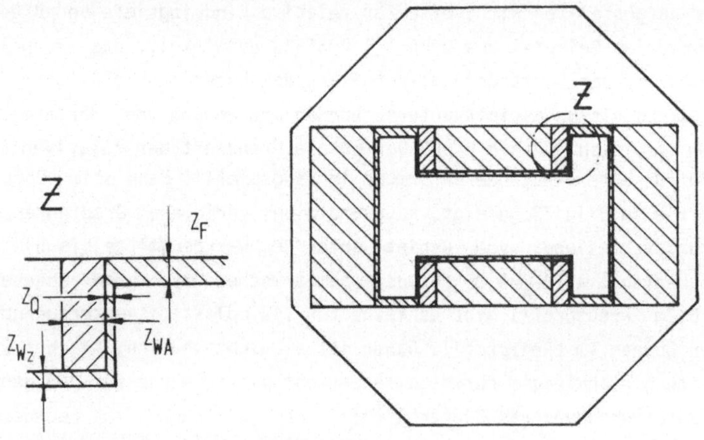

Z_F = Zugabe an freier Oberfläche

Z_Q = Zugabe werkzeugbedingt senkrecht zur Wirkrichtung

Z_{W_z} = Zugabe in Werkzeugwirkrichtung

Z_{WA} = Zugabe Werkzeuganpassung

Bild 74: Zugaben und Zwischenformen beim Doppel-T-Profil

Die Zugabe in Werkzeugwirkrichtung (Z_{Wz}) ist von der Genauigkeit der Werkzeugpositionierung beim Arbeitshub abhängig und muß also zumindest größer sein als der maximale Positionierungsfehler. Bei einer spanenden Nachbearbeitung kommt jeweils noch die kleinstmögliche spanende Bearbeitungszugabe hinzu.

Die Zugabe quer zur Werkzeugwirkrichtung (Z_Q) ist einerseits vom Positionierungsfehler des Werkstücks senkrecht zur Werkstücklängsachse und senkrecht zur Werkzeugwirkrichtung abhängig; andererseits muß aber auch der Fehler am Werkzeug quer zur Werkzeugwirkrichtung berücksichtigt werden. Dieser Zugabe ist vor allem in den Fällen eine hohe Priorität zuzuordnen, bei denen die Einspannposition des Werkstücks im Manipulator und die Bearbeitungszone weit voneinander entfernt sind. Für den Sonderfall, daß ein synchrones Auftreffen der Werkzeuge auf der Werkstückoberfläche nicht gewährleistet werden kann, ist ebenfalls eine größere Zugabe quer zur Werkzeugwirkrichtung vorzusehen.

Für eine gesondert einzugebende Zugabe (Z_F) für Maße, die mit einer freien Oberfläche in Verbindung stehen, sind folgende Gründe maßgebend: Ein Merkmal der freien Oberfläche ist die unregelmäßige Ausbildung der Oberflächengestalt. Die mit dieser freien Oberfläche in Verbindung stehenden Maße sind sehr stark von noch nicht exakt bestimmbaren Einflüssen abhängig (Reibung, Verhältnis axialer Werkstofffluß zu radialem Werkstofffluß etc.). Der nahe der freien Oberfläche befindliche Werkstoff wird beim Radialumformen wesentlich weniger umgeformt, als die kernnahen Zonen. Diese Randbereiche sollten daher, wie schon bei der Interpretation der Werkstoffflußuntersuchungen vorgeschlagen wurde, abgespant werden. Werden alle diese Kriterien bei der Ermittlung der Zugabe für eine freie Oberfläche berücksichtigt, ergibt sich hierfür ein wesentlich größerer Wert als bei den restlichen Zugaben.

Die Zugaben in Längsrichtung werden in Zugaben pro Formelement und in eine Zugabe für die gesamte Werkstücklänge unterschieden, wobei ein Formelement einen Werkstückabschnitt mit konstant gleicher Querschnittsform und gleichen Querschnittsabmessungen darstellt. Die axiale Zugabe für jedes Formelement orientiert sich insbesondere daran, daß die Längung des Werkstücks beim Arbeitshub aufgrund von Reibungseinflüssen und querprofilspezifischen Werkstoffflußeigenschaften nicht exakt bestimmbar ist. Zudem sind hier die Fehler der Maschine bei der Werkstücklängspositionierung zu berücksichtigen.

Bei der Zugabe in Längsrichtung, die auf die gesamte Werkstücklänge bezogen wird, kommt zu den oben erwähnten Einflüssen hinzu, daß ein maßlich fehlerhaftes Querprofil aufgrund der Volumenkonstanz die gesamte Werkstücklänge beeinflußt. Weiterhin muß berücksichtigt werden, daß sich die

Stirnfläche des Werkstücks nicht eben ausbildet. Hier ist insbesondere der sogenannte Umklappvorgang, der in Bild 75 dargestellt ist, zu berücksichtigen. Dieser Umklappvorgang entsteht dadurch, daß der Werkstoff am Werkstückende aufgrund mangelnder Stützwirkung nicht, wie idealisiert, axial wegfließt, sondern radial nach innen umklappt. Dieser Vorgang wird durch einen zu starken Kerneinzug, der herrührend von vorausgegangenen Schmiededurchgängen entstanden ist, sehr stark begünstigt.

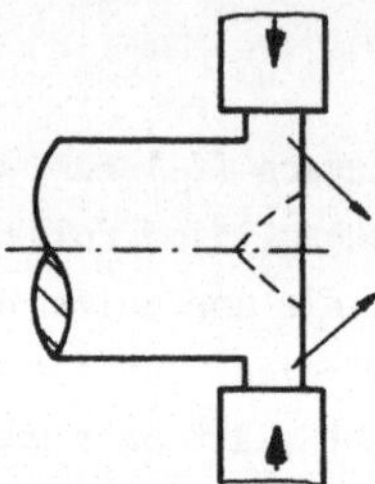

Bild 75: Umklappen bei Bearbeitung des Werkstückendes.

6.2.2 Aufbau PROSOP

Das Programmsystem PROSOP ist ein bedienergeführtes Arbeitsablaufplanungssystem, das unter Einbeziehung der Sonderprofile zu den innerhalb eines Werkstücks möglichen Querprofilen, ausgehend von der Endgeometrie des zu fertigenden Werkstücks, nach dem Neuplanungsprinzip die Bearbeitungsdaten für den Arbeitsablauf auf der Radialumformmaschine erstellt. Das Programmsystem läßt sich in drei eigenständige Programmblöcke aufteilen (Bild 76):

- o die Dateneingabe und Grobstrukturierung des Arbeitsplans
- o die Berechnung der Bearbeitungsdaten zu Werkstoffverteilung im Längsprofil mit PRORUM II.
- o die Erstellung der ergänzenden Bearbeitungsdaten für herstellbare Sonderprofile.

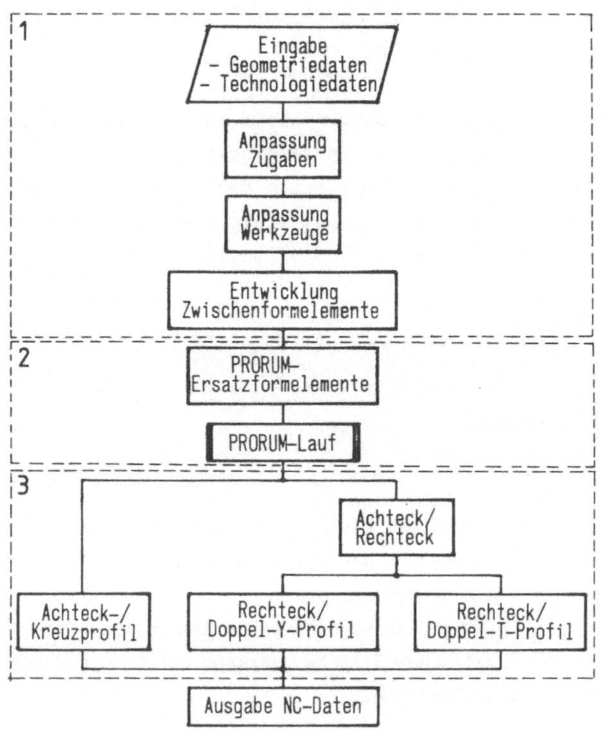

Bild 76: Übersicht Programmsystem PROSOP.

Der Grundgedanke zur Konzeption des Systems besteht darin, daß, ausgehend von der Endgeometrie des Werkstücks, in einer dem Fertigungsablauf entgegengesetzten Richtung nacheinander die herstellbare Geometrie, die jeweiligen Zwischenformen und die zugehörigen Werkzeuge ermittelt werden. Dabei soll auf möglichst kurzem Weg aus den Sonderprofilen unter Berücksichtigung des Werkstoffflusses ein regelmäßiges Achteck als Zwischenformquerprofil entwickelt werden. Liegt bei der Abarbeitung des Programms eine Gesamtzwischenform des Werkstücks vor, die vollständig aus Achteckquerprofilen besteht, wird diese als PRORUM-Ersatzform bezeichnet. Innerhalb des eingefügten Programmsystems PRORUM II wird aus dieser PRORUM-Ersatzform das erforderliche Rohteil berechnet. An dieser Stelle kehrt sich die Planungsrichtung um, und die Arbeitsablaufplanung und der Arbeitsablauf haben die gleiche Orientierung. Die Bearbeitungsdaten zur Herstellung dieser PRORUM-Ersatzform aus dem Rohteil werden ebenfalls mit dem Programmsystem PRORUM II erstellt.

Im letzten Programmblock werden ausgehend von den Formelementen der PRORUM-Ersatzform nacheinander die Bearbeitungsdaten zur Herstellung der Sonderprofile mit Einzelmodulen unter Berücksichtigung der vorliegenden Zwischenformen erzeugt. Für diesen Vorgang wird das jeweilige Ausgangselement der PRORUM-Ersatzform als Rohteil angesehen.

6.2.2.1 Eingabemodul

Die Aufgabe des Eingabemoduls besteht darin, die komplexe Geometrie des Werkstücks, die verfügbaren Werkzeuggeometrien und die technologischen Randbedingungen in eine für das Arbeitsablaufplanungssystem verständliche Form zu bringen. Die Handhabung dieses Eingabemoduls erfolgt wahlweise in deutscher oder englischer Sprache und kann bei Bedarf durch Hinweise zur Handhabung unterstützt werden.

Am Anfang des Eingabemoduls wird die Endgeometrie des Werkstücks eingelesen. Dabei wird einer Axialposition, die normalerweise am linken Werkstückende bei Null beginnt, eine Querschnittsgeometrie zugeordnet, die bis zur nächsten einzugebenden Axialposition konstant bleibt. Die Zuordnung dieses Querschnitts zu der Querschnittsform erfolgt über die Eingabe eines Formschlüssels, der dann die folgenden notwendigen Abfragen zu den Abmessungen des Querprofils generiert. Die Orientierung und Lage der Abmessungen kann bei Bedarf graphisch dargestellt werden. Diese Angaben, also Axialposition, Formschlüssel und Abmessungen, werden rechnerintern in der Werkstückeingabematrix zur Weiterverarbeitung abgelegt.

Zur Angabe der Querprofilgeometrie der einzelnen Querschnitte sind die folgenden Einzelheiten erwähnenswert: Beim Doppel-T-Profil muß dabei die Höhe und die Breite des einhüllenden Umfassungsrechtecks, die Stegdicke und die Rippendicke angegeben werden. Beim Doppel-Y-Profil ist es erforderlich, jeweils neben der Umfassungsrechteckhöhe und der -breite auch die

Dicke und Länge des Mittelsteges anzugeben. Daraufhin wird das geeignete Maß für die Seiteneindringtiefe des Dreieckswerkzeugs nach den Werkstoffflußkriterien errechnet und zur Eingabe empfohlen. Ist es erforderlich entgegen den Empfehlungen eine andere Abmessung zu verwenden, muß diese dann eingegeben werden. Für das Kreuzprofil wird der Umfassungskreisdurchmesser und die Rippendicke, die im allgemeinen auch der Stegdicke entspricht, benötigt. Zur Eingabe des Rechteckquerprofils sind nur Informationen über die Höhe und die Breite notwendig, während beim regelmäßigen Achteck und beim regelmäßigen Sechzehneck die Schlüsselweite als Geometrieangabe genügt.

Die zur Verfügung stehenden Werkzeuge werden mit einem Werkzeugformschlüssel, der sich an den mit diesen Werkzeugen schmiedbaren Querprofilen orientiert, zusammen mit den für den Schmiedevorgang relevanten Werkzeugabmessungen, eingegeben. Hierfür wird dann die Werkzeugeingabematrix angelegt. Sie ist wie die Werkstückeingabematrix und das Datenfeld für die technologischen Daten in je einem Datenfile gespeichert und kann jederzeit unter dem Namen dieses Datenfiles wieder aufgerufen werden.

Der dritte Block bei der Dateneingabe wird durch die technologischen Daten gebildet. Dazu gehören die Zugaben für spanende Nacharbeit, die Angaben über die optimalen Bißverhältnisse und relativen Eindringtiefen. Diese Angaben können jeweils getrennt für rotationssymmetrische Querprofile, Rechteckquerprofile und Sonderprofile eingegeben werden, die sich an den Ergebnissen der Werkstoffflußuntersuchungen orientieren. Die Zugaben im Querprofil können unterschiedlich für die Werkzeugwirkrichtung, für die Richtung quer zur Werkzeugwirkrichtung und für die freie, nicht vom Werkzeug beaufschlagte Oberfläche, angegeben werden. Axiale Zugaben sind für jede Querschnittsposition eines neuen Querprofils und für die Gesamtlänge des Werkstücks vorgesehen.

Der nächste Schritt im Ablauf des Programms, der im Flußdiagramm als "Anpassung Zugaben" bezeichnet wird, besteht in der Einbeziehung der Zugaben zur Werkstückgeometrie. Es entsteht dann eine mit diesen Zugaben versehene Werkstückeingabematrix.

6.2.3 Anpassung und Zwischenformen

Einen wichtigen Abschnitt in der Generierung des Arbeitsablaufs stellt die an den jeweiligen Querschnitt angepaßte Werkzeugauswahl und die Anpassung der Werkstückgeometrie an diese verfügbaren Werkzeuggeometrien für die einzelnen Profilabschnitte dar. Zur Werkzeugauswahl ist die mit Zugaben versehene Werkstückgeometrie maßgebend. Zunächst werden nach ausschließenden Kriterien mögliche Werkzeuge aus den vorhandenen Werkzeugen im Werkzeugspeicher ausgesucht. Diese Kriterien sind Übereinstimmung des Formschlüssels von Werkzeug und Werkstück und geometrische Verträglichkeit zwischen Werkstück und Werkzeug. Der Grundgedanke zum Prinzip der geometrischen Verträglichkeit besteht darin, daß die Endgeometrie des Werkstücks aus der umgeformten Geometrie mit einem spanenden Verfahren hergestellt werden kann. Daher muß beispielsweise beim Doppel-T-Profil die Breite des stegformenden Werkzeuges kleiner sein als die Stegbreite des Werkstücks.

Der Werkzeugauswahl nach ausschließenden Kriterien schließt sich die Werkzeugauswahl nach optimierenden Kriterien an. Beim optimierenden Auswahlverfahren wird aus den möglichen Werkzeugen der Werkzeugsatz ermittelt, der am besten für die entsprechende Bearbeitungsaufgabe geeignet ist. Zunächst wird eine optimale Formanpassung der Werkzeuge an das Werkstück angestrebt. Wird das obige Beispiel des Doppel-T-Profils wieder verwendet, so muß die Breite des stegformenden Werkzeuges möglichst der Breite des Steges des Doppel-T-Profiles entsprechen. Falls dieses Kriterium von mehreren Werkzeugen gleich gut erfüllt wird, kommt als letztes Optimierungskriterium die Forderung nach der größtmöglichen Produktivität zum Einsatz. Es wird der Werkzeugsatz ausgewählt, der dem größtmöglichen Anfangsbißverhältnis am nächsten kommt, da das Bißverhältnis, sofern genügend Umformkraft zur Verfügung steht, der Bearbeitungszeit umgekehrt proportional ist.

Nach der Festlegung des Werkzeuges wird die Geometrie des Werkstückquerprofils dem verwendeten Werkzeug angepaßt (Bild 74). Beim Doppel-T-Profil wird dann die Stegbreite des Werkstücks der Breite des Werkzeuges gleichgesetzt. Nach der auf diese Weise durchgeführten Bestimmung der durch Radialumformen herstellbaren Werkstückgeometrie und der Zuordnung der geeigneten Werkzeuge für jedes Querprofil des Werkstücks kann nach dem im Ab-

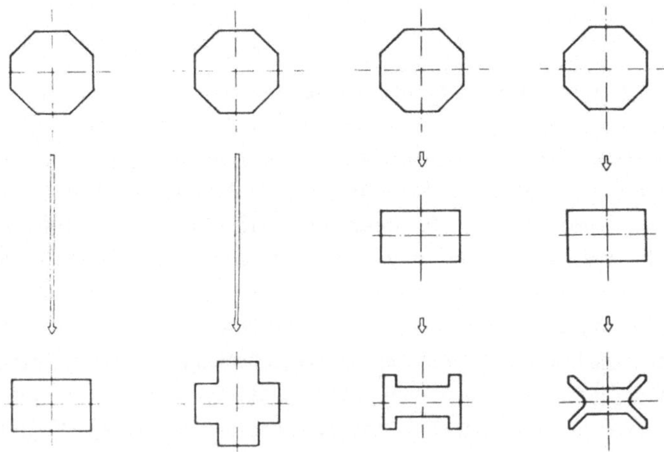

Bild 77: Mögliche Zwischen- und Endformquerschnitte.

schnitt 5.2.1 beschriebenen Gesichtspunkten für einen gleichmäßigen Werkstofffluß die geeignete Abmessung für die jeweilige Zwischenform bestimmt werden. Für das Doppel-T- und das Doppel-Y-Profil entsteht als Zwischenformquerprofil ein Rechteck, während für ein Kreuz bzw. ein Rechteckquerprofil als Zwischenform ein regelmäßiges Achteck ermittelt wird (Bild 77). Die axialen Abmessungen dieser Zwischenformen lassen sich aus der Volumenkonstanz herleiten. Für den Fall, daß die aus diesen Zwischenformen bestehende Zwischenformwerkstückgeometrie Rechteckquerprofile enthält, wird diese Zwischenformgeometrie wie eine neue Werkstückgeometrie behandelt und dem Eingabemodul zugeführt. Dann erfolgt ein neuer Durchlauf des Eingabemoduls, wobei bei diesem Durchlauf die Zugaben nicht berücksichtigt werden. Nach diesem zweiten Durchlauf steht eine Werkstückzwischenformgeometrie zur Verfügung, die mit dem Programmsystem PRORUMII erfaßt und verarbeitet werden kann. Diese Zwischenformgeometrie besteht zu diesem Zeitpunkt aus einer Aneinanderreihung von regelmäßigen Achteckprismen. Das Programmsystem PRORUM II ermittelt daraus die erforderlichen Rohteilabmessungen und den Arbeitsablauf zur Herstellung dieser Zwischenform mit der Radialumformmaschine.

6.2.3.1 Graphische Darstellung

Eine wirkungsvolle Arbeitsablaufplangenerierung erfordert zur raschen Überprüfung der eingelesenen und berechneten Geometriedaten des Werkstücks die Möglichkeit, diese Daten graphisch darzustellen. Dabei ist die Entwicklung der Querschnitte vom "PRORUM-fähigen" Achteck bis hin zum Querschnitt der Endgeometrie von besonderer Wichtigkeit. Für diese Aufgabe entstand ein Graphikprogrammbaustein, mit dem durch entsprechende Aufrufe für jeden Querschnitt des Werkstücks die angestrebte Endgeometrie, die Zugabengeometrie, die dem Werkzeug angepaßte Geometrie, die Geometrie der Zwischenform und die "PRORUM-fähige" Zwischenform auf einem graphischen Bildschirm dargestellt werden kann. Bild 78 zeigt diese Darstellungen exemplarisch für ein ein Doppel-Y-Profil. Grundlage für diesen Programmbaustein war das Graphikprogrammsystem PLOT 10 von Tectronix, das mit den meisten graphikfähigen Terminals betrieben werden kann.

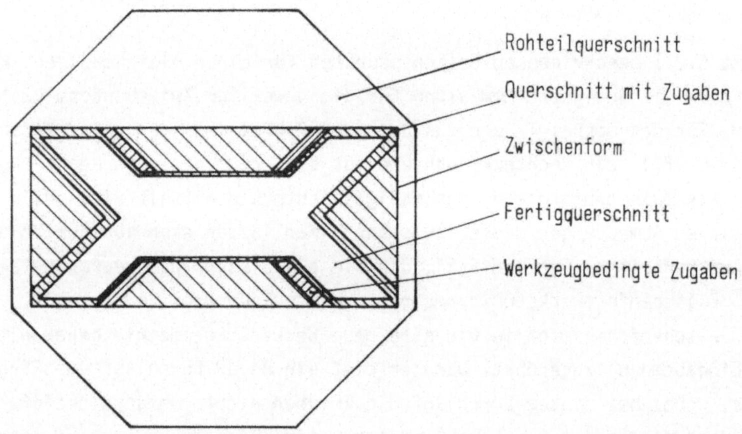

Bild 78: Grafische Darstellung der Daten für End- und Zwischenformgeometrie.

Parallel dazu wurde eine sogenannte "PRINT-PLOT"-Software entwickelt, mit der es möglich ist, die oben genannten Aufgaben hauptsächlich zu Dokumentationszwecken mit einem herkömmlichen Drucker, ohne aufwendige Graphik-Soft- und -Hardware zu realisieren.

6.2.3.2 Fertigungsdaten Sonderprofile

Nach der Fertigstellung der Bearbeitungsdaten für die "PRORUM-Ersatzform" werden für jedes Sonderprofil bzw. für jede diesem Sonderprofil entsprechende Zwischenform mit einem geeigneten Programmodul der Arbeitsablauf und die Bearbeitungsdaten erstellt. Bild 77 zeigt mögliche Zwischen- und Endformquerschnitte bei der Herstellung von Sonderprofilen. Jeder einzelne Programmodul zur Erstellung der Bearbeitungsdaten ist zu Testzwecken selbständig lauffähig und besitzt eine zur Kopplung mit dem restlichen Programmsystem einsatzfähige Ein- und Ausgabeschnittstelle. Wie aus Bild 76 ersichtlich, handelt es sich dabei im einzelnen um die Module Achteck- in Rechteckquerprofil, Achteck- in Kreuzquerprofil, Rechteck- in Doppel-T-Profil und Rechteck in Doppel-Y-Querprofil. In der bislang realisierten Standardversion ist innerhalb dieser Module kein Werkzeugwechsel vorgesehen.

Anhand der Bearbeitungsdatengenerierung vom Achteck auf das Rechteckquerprofil soll die grundsätzliche Vorgehensweise dargestellt werden. Nach der Eingabe bzw. dem Einlesen der Werkstückgeometrie, der Werkzeugabmessungen und der technologischen Daten wird zuerst überprüft, ob es sich hierbei um einen Einstich handelt, wenn ja, ob die Werkzeuglänge für diesen Einstich geeignet ist. Danach wird entsprechend dem einzugebenden maximalen Umformgrad die Endlage der Werkzeuge je Eindringstufe festgelegt. Dies wird in einer Programmschleife solange wiederholt, bis die Endlage mit der Rechteckbreite bzw. der Rechteckhöhe übereinstimmt. Unter Berücksichtigung der durch den Eindringvorgang auftretenden Schrägen und des Werkstoffflusses im Längsprofil (Bißverhältnis), wird die Manipulatoranfangsposition und der jeweilige Vorschub bestimmt. Bei einem zu kleinen Vorschub (Bild 79) trifft das Werkzeug auf die Schräge des vorhergehenden Hubes und gleitet ab, während bei einem zu großen Vorschub eine vollständige Überdeckung der umgeformten Zone nicht vorhanden ist und so der Werkstoff durch den axialen Werkstofffluß am Werkzeugrand heraustritt und dabei Rippen bildet. Der Programmablauf innerhalb dieses Moduls ist beendet, wenn die Endlage der Werkzeuge mit den Rechteckmaßen übereinstimmt und die erforderliche Länge abgeschmiedet wurde. Diese so auf analytischem Wege durch einfache Vorgangssimulation erstellten Bearbeitungsdaten für eine Teilgeometrie des Werkstücks müssen noch abgespeichert, mit dem Post-Prozessor in NC-Daten

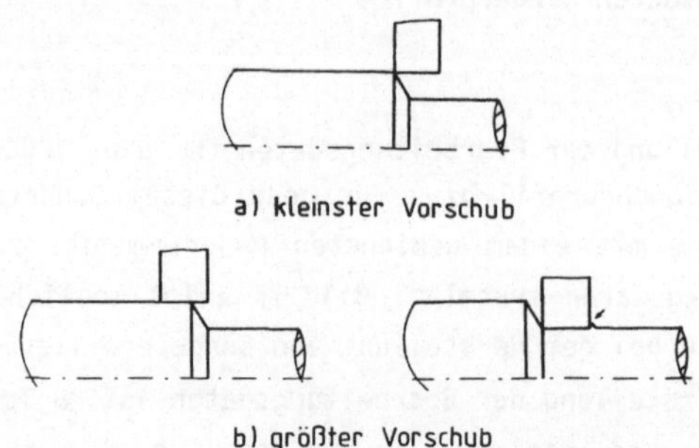

Bild 79: Randbedingungen zur Vorschubbestimmung.

umgewandelt und an der geeigneten Stelle im Arbeitsablauf abgerufen werden. In gleicher Weise werden auch die restlichen Module eingesetzt. Die Abarbeitungs- wie auch die Bearbeitungsreihenfolge der Module orientiert sich an der kleiner werdenden Hubendlage.

Bei der Arbeitsablaufplanung vom Rechteck zum Doppel-T- und zum Doppel-Y-Profil wird zusätzlich zu den oben erwähnten Gesichtspunkten insbesondere darauf geachtet, daß bei jeder Eindringstufe, also jedem Schmiededurchgang, im Steg- und im Rippenbereich gleiche Formänderungen auftreten und so der gleichmäßige axiale Werkstofffluß erhalten bleibt.

Mit dem Aufbau von Programmoduln zur Arbeitsablaufdetailplanung bzw. NC-Datenerstellung für begrenzte Werkstückabschnitte wird das Ziel verfolgt, innerhalb kurzer Zeit lauffähige Programmsegmente zu Testzwecken zu erhalten, die nach einer Optimierungsphase in das Programmsystem PROSOP integriert werden können.

7. AUFBEREITUNG DER ERGEBNISSE FÜR DIE ANWENDUNG IN DER FERTIGUNG

Aus der Vielzahl der Untersuchungen und deren Ergebnissen dieser Arbeit über das Radialumformen von Sonderprofilen sind hier stichwortartig die für die Fertigung wichtigen Erkenntnisse aufbereitet.

Die gleichmäßige Umformung der den Werkzeugwirkflächen zugeordneten Teilgebiete im Querprofil schränkt bei der Herstellung von Doppel-T-Profilen die Formenvielfalt erheblich ein, insbesondere wenn, wie bei der Pilotanlage RUMX 2000, unterschiedliche Stößelgeschwindigkeiten nicht realisiert werden können. Die Forderung nach einer genau definierten Rechteckquerprofilgeometrie als Zwischenform für das Doppel-T-Profil kommt erschwerend hinzu. In manchen Fällen bietet sich daher das Doppel-Y-Profil als zweite Zwischenform an, die bei der Herstellung von Doppel-T-Profilen zwar einen erhöhten Aufwand in bezug auf den Fertigungsablauf, aber andererseits eine geringere Einschränkung hinsichtlich der erreichbaren Formenvielfalt bedeutet.

Das Doppel-Y-Profil als Endform wird bezüglich der erreichbaren Abmessungen mit dem Grundsatz der gleichmäßigen Umformung der den Werkzeugwirkrichtungen zugeordneten Teilgebiete im Querprofil nur durch die gegenseitigen Abhängigkeiten aus Gleichung 7 eingeschränkt. In diesem Fall wird bei ansonsten gegebener Geometrie die Seiteneindringtiefe des Dreieckswerkzeugs und damit die Rippendicke festgelegt.

Beim Kreuzprofil wird die Forderung nach gleichmäßiger Umformung der den Werkzeugwirkrichtungen zugeordneten Querprofilteilgebieten aufgrund der Symmetrieeigenschaften insbesondere beim gleichschenkligen Kreuzprofil, das in dieser Arbeit untersucht wurde, vollständig erfüllt.

Für alle herstellbaren Profile gilt die Einschränkung, daß im Längsprofil keine scharfen, also senkrechten Übergänge, möglich sind. Die Längsprofilaußenkontur bildet sich bis auf die Werkzeugkontaktlinie abhängig vom jeweiligen Bißverhältnis und Umschließungsverhältnis sowie evtl. auftretender Längskräfte (Manipulator) frei aus. Je größer das Umschließungsverhältnis und das Bißverhältnis ist, desto flacher wird die Flanke des frei wegfließenden Werkstoffs. Bei Werkzeugen mit Dreiecksquerkontur (Kreuzprofil, Doppel-Y-Profil) entsteht zu Beginn des Eindringvorgangs wegen der geringeren Umschließung ein steilerer Flankenwinkel. Dies kann bei Folgehüben zu Schmiedefehlern (Überlappungen) führen. Für den Einsatz in der Fertigung müssen diese Werkzeuge in ihrer Längskontur mit einer Schräge versehen werden.

Bezüglich der auf den einzelnen Eindringvorgang bezogenen Verfahrensparameter wie relative Eindringtiefe und Bißverhältnis ergeben sich für das Optimierungskriterium einer gleichmäßigen Formänderungsverteilung folgende Richtwerte:

$$0{,}1 < \varepsilon_h < 0{,}4 \qquad 0{,}5 < Sb_0 < 0{,}7$$

Eine plastische Umformung bis in den Kernbereich tritt schon bei einer relativen Eindringtiefe von ε_h = 0,1 auf. Bei einer relativen Eindringtiefe von ε_h = 0,4 und mehr treten in der Formänderungsverteilung größere Ungleichmäßigkeiten auf. Ein Anfangsbißverhältnis von 0,5 gewährleistet eine genügende Kernplastifizierung bei einer ausreichenden Verfahrensproduktivität. Bißverhältnisse von 0,7 und mehr belassen direkt unter der Werkzeugkontaktfläche größere starre Bereiche und sind nur bei mehrmaligem Überschmieden mit versetztem Hub einsetzbar.

Bei der spanenden Weiterverarbeitung von radial umgeformten Profilen sollte der vorhandene außenkonturorientierte Faserverlauf möglichst nicht unterbrochen werden, um zu erwartende hohe dynamische Festigkeiten nicht zu beeinträchtigen. Dagegen wird die spanende Bearbeitung der Rippenrandbereiche aufgrund ihrer ungenügenden Durchschmiedung (freie Oberfläche) und großer Maß- und Formschwankungen sinnvoll sein.

Beim Einsatz der rechnergestützten Arbeitsablaufplanung werden die Einschränkungen hinsichtlich der herstellbaren Profilformen automatisch berücksichtigt. Für die Eingabe der für den einzelnen Eindringvorgang relevanten Parameter wie Bißverhältnis und relative Eindringtiefe sind geeignete Schnittstellen vorhanden. In gleicher Weise können unterschiedliche erreichbare Genauigkeiten bei werkzeuggebundenen Abmessungen, bei Maßen in Werkzeugwirkrichtung und bei freien Oberflächen durch unterschiedliche Zugaben berücksichtigt werden. Abweichungen zwischen dem in der rechnergestützten Arbeitsablaufplanerstellung benutzten idealisierten Modell und den tatsächlich auftretenden Verhältnissen können an den Ein- und Ausgabeschnittstellen der einzelnen Module des Gesamtsystems korrigiert werden.

8. PERSPEKTIVEN BEIM EINSATZ DER RADIALUMFORMMASCHINE

Unter dem Gesichtspunkt der Perspektiven sollen noch zwei Arbeitsgebiete skizziert werden, die hinsichtlich Werkstückspektrum und Arbeitsablaufplanung eine Weiterführung darstellen. Diese Gebiete konnten im Rahmen dieser Arbeit nicht ausführlich behandelt werden.

Zum einen ist dies die Fertigung von Vorformen für Getriebeteile, die unter Ausnutzung sämtlicher Bewegungsmöglichkeiten der Radialumformmaschine realisierbar ist. Es können Vorformen für ein Kerbzahnprofil, Vorformen für Bewegungsgewinde (Spindel) und Zahnstangen hergestellt werden (Bild 80). Für die Herstellung eines Kerbzahnprofils muß außer der geeigneten Werkzeugform die richtige Eindringtiefe und der Manipulatordrehschritt pro Zahn ermittelt werden. Für die Pilotfertigung eines Kerbzahnprofils wurde das Dreieckswerkzeug, das bei den Sonderprofilen zur Herstellung des Kreuzprofils benutzt wird, verwendet. Zur Erzeugung der Zahnstangenvorform wird das Dreieckswerkzeug gegenüber der Normalwinkellage um 90 ° (Werkzeugbewegungsachse) gedreht. Die Zahntiefe wird dabei durch die Werkzeugendlage bestimmt, während der Zahnabstand durch den Manipulatorvorschub generiert wird. Dabei besteht die Möglichkeit, auch unregelmäßige Teilungen und Zahntiefen einer Zahnstange zu realisieren. Schließlich können mit der Radialumformmaschine auch Vorformen für zwei- und viergängige Bewegungsgewinde unter Verwendung von einfachen Dreieckswerkzeugen hergestellt werden. Dazu ist es erforderlich, die Werkzeugoberteile um den Steigungswinkel des Gewindes um die Bewegungsachse des Stößels gegenüber der eben beschriebenen Einstellung zum Schmieden von Zahnstangen zu verdrehen. Das entstehende Gewindeprofil wird durch die Hublage des Werkzeuges und die Geometrie des Dreieckswerkzeuges bestimmt. Der Vorschub des Manipulators pro Hub errechnet sich aus der Gewindesteigung und dem Manipulatordrehwinkel pro Hub.

Diese hier kurz vorgestellten Möglichkeiten zur Herstellung von Vorformen für Getriebeteile sind der Ausgangspunkt für weitere, mögliche Arbeiten auf diesem Sektor, wobei der Schwerpunkt in der NC-Datengenerierung und der Werkstoffflußanalyse liegen wird.

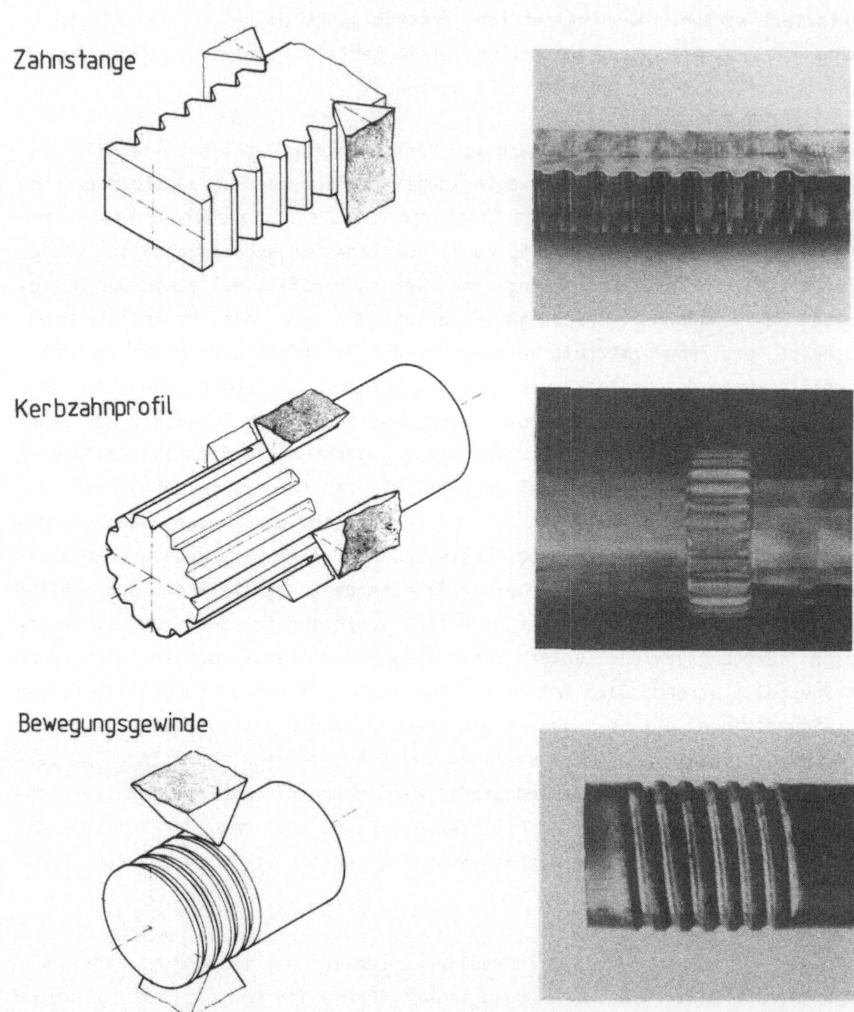

Bild 80: Herstellung von Vorformen für Getriebeteile auf der Radialumformmaschine RUMX 2000.

Der zweite Schwerpunkt zukünftiger Entwicklungen ist die prozeßgekoppelte Optimierung des Arbeitsablaufplanes. Der Grundgedanke besteht darin, den Arbeitsablauf aufgrund aktueller Informationen über Werkstückgeometrie, Temperatur und erforderliche Umformkraft während des Fertigungsablaufs mit geeigneten Strategien optimal an den Prozeßzustand anzupassen. Grundvoraussetzung hierfür ist die Verfügbarkeit geeigneter Sensoren zur Erfassung der prozeßrelevanten Zustandsgrößen des Werkstücks und der Radialumformmaschine. Für die Erfassung der Werkstückgeometrie wird ein System eingesetzt, das die radialen und axialen Werkstückmaße berührungslos erfaßt. Die axiale Position des freien Werkstückendes wird nach dem Triangulationsprinzip aufgenommen, wobei ein auf das Werkstück projizierter Laserlichtpunkt mit einer Diodenzeilenkamera beobachtet wird. Zusammen mit der Position des Manipulators kann so eine Aussage über die aktuelle Länge des Werkstücks gemacht werden. Die radiale Ausdehnung des Werkstücks wird mit einer Diodenzeilenkamera im Durchlichtverfahren ermittelt, dabei wird das Werkstück von unten beleuchtet. Der entstehende Schatten auf der Diodenzeile ist ein Maß für die radiale Abmessung des Werkstücks. Mit Hilfe der aktuellen Information über die Werkstückgeometrie wird es so möglich, die off-line- erstellten NC-Daten zu korrigieren und so die Genauigkeit des Verfahrens wesentlich zu verbessern. Da während des Prozesses aktuelle Informationen über Werkstücktemperatur und Umformkraft zur Verfügung stehen, wird es weiterhin möglich, bei der Off-line-Arbeitsplanerstellung bis an die Grenze der zulässigen Werte zu gehen, da bei einer Überschreitung während des Fertigungsablaufs eine Korrektur möglich wird. Diese Möglichkeit zur vollständigen Ausnutzung der Maschinenleistungsfähigkeit trägt wesentlich zu der möglichen Produktivität des Verfahrens bei.

Diese kurze Darstellung zukünftiger Perspektiven des Verfahrens Radialumformen macht deutlich, daß die Entwicklung auf diesem Gebiet noch ein weites Betätigungsfeld bietet. Die Ergebnisse dieser Arbeit sollen die Grundlage für weiterführende Untersuchungen auf diesem Sektor bilden.

9. ZUSAMMENFASSUNG

Das Radialumformen von Sonderprofilen ist eine Kombination von abformender und kinematischer Gestalterzeugung und basiert auf den Erkenntnissen über das Radialumformen von rotationssymmetrischen Querprofilen. In dieser Arbeit wurden als mögliche Profilformen das Doppel-T-, das Doppel-Y- und das Kreuzprofil näher untersucht. Das Gesetz der Volumenkonstanz und die vereinfachende Annahme eines rein axialen Werkstoffflusses aufgrund der starken Werkzeugumschließung im Querprofil sowie das Prinzip der gleichmäßigen Umformung der den einzelnen Werkzeugwirkrichtungen zugeordneten Querprofilteilflächen bestimmen zusammen mit den verfügbaren Werkzeuggeometrien die entstehende Werkstückgestalt.

Aus diesen vereinfachenden Annahmen und Grundprinzipien wurden für die einzelnen Profilformen Berechnungsansätze entwickelt, mit denen es möglich ist, anhand von Werkzeuggeometrie, Rohteilabmessung und Maschinenbewegungen die entstehende Werkstückgeometrie vorauszuberechnen.

Die Erfüllung der Qualitätsanforderungen an radial umgeformte Sonderprofile wie Durchschmiedung, gleichmäßige Formänderung und ununterbrochener Faserverlauf wurde durch eine umfangreiche Verfahrensanalyse mit Variation der schmiederelevanten Parameter (Bißverhältnis, relative Eindringtiefe) untersucht. Zur Ermittlung der Formänderungen wurde die Visioplasticitymethode und bei für diese Methode nicht zugänglichen Werkstückbereichen Härtemessungen eingesetzt. Im Zuge dieser Untersuchungen wurden die Auswerteprogramme zur Visioplasticitymethode dahingehend erweitert, daß bei ebenen Schnitten die senkrecht zu diesen Ebenen liegenden Formänderungskomponenten berücksichtigt werden. Die Ergebnisse der Variation von Eindringtiefe und Bißverhältnis bei Doppel-T- und Doppel-Y-Profil bezüglich der Formänderungsverteilung im Längsschnitt sind mit den Ergebnissen früherer Untersuchungen bei rotationssymmetrischem Querprofil vergleichbar /14/, wobei die Grenzwerte einer genügenden Kerndurchschmiedung eine etwas geringere Eindringtiefe und ein größeres Bißverhältnis zulassen.

Die Analyse der Härtemessungen im Querprofil ergibt eine genügende Umformung im Kernbereich und im kernnahen Bereich der Rippen beim Doppel-T-, Doppel-Y- und Kreuzprofil, während im Außenbereich der Rippen ein starker Abfall der Härte und somit der Vergleichsformänderung eintritt.

Die Ermittlung des Faserverlaufs im Querprofil erfolgte mit metallographischen Schliffen. Der Faserverlauf im Doppel-Y-Profil und im Kreuzprofil ist stark außenkonturorientiert und wird nicht unterbrochen. Beim Doppel-T-Profil ist der sich einstellende Faserverlauf sehr stark von der verwendeten Vor- und Zwischenform abhängig, wobei mit einem Doppel-Y-Profil als Zwischenform die besten Ergebnisse erzielt wurden.

Die vereinfachenden Algorithmen zur Vorausberechnung der entstehenden Werkstückgeometrie und die Ergebnisse der Verfahrensanalyse bildeten die Grundlage bei der Erstellung der rechnergestützten Arbeitsablaufplanung PROSOP. Im ersten Teil des Programmsystems erfolgt die Eingabe der gewünschten Werkstückgeometrie, aus der dann mit den zur Verfügung stehenden Werkzeugen und den notwendigen Zugaben die herstellbaren Querprofile ermittelt werden. Nach der Berechnung der notwendigen Zwischenformen wird zur längsachsenbezogenen Werkstoffverteilung das sogenannte PRORUM-Ersatzformelement bestimmt, bis zu dem das Werkstück mit dem bisherigen Arbeitsplanungssystem PRORUM II radial umgeformt wird. Im letzten Programmteil erfolgt die Bestimmung der NC-Daten für das jeweilige Sonderprofil innerhalb eigenständiger Programmodule.

Schrifttum

/1/ Lange, K.: Flexible Manufacturing Systems for Plastic Working. Proc. of 1st. Int. Conf. on Techn. of Plasticity Tokyo 1984, Vol. 1, S. 434 - 445.

/2/ Lange, K. u. a.: Contribution of Numerical Control to the Development of Metal Forming Processes. Key-Note-Paper, Annals of the CIRP Vol. 31 (1982) 2.

/3/ Michler, K. W.: Betriebsmittel für wirtschaftliches Feinschmieden (Teil II). Ingenieur digest 7 (1968) 5, S. 52 -54.

/4/ Neuschütz, E. u. a.: Prozeßrechnersystem zur Programmsteuerung und Datenerfassung an einer 20-MN-Freiformschmiedeanlage. Stahl und Eisen 101 (1981) 10, S. 67 - 70.

/5/ Torslund, O.: Die Entwicklung der Prozeßsteuerung bei Freiformschmiedeanlagen. Stahl und Eisen 100 (1980) 4, S. 168 - 173.

/6/ Dostal, M.: Die numerisch gesteuerte Radialumformmaschine als flexible Bearbeitungseinheit innerhalb gemischter Fertigungssysteme. Tagungsunterlagen zum Seminar Massivumformung, Stuttgart 1981.

/7/ Kaiser, H.: Umformende Bearbeitung in flexiblen Fertigungssystemen. Berichte aus dem Institut für Umformtechnik, Universität Stuttgart, Nr. 44. Essen: Girardet 1977.

/8/ Haller, M. W.: Handbuch des Schmiedens. München: Carl Hanser Verlag 1971.

/9/ Pahnke, H.-J.: Integrierte Schmiedeanlagen. Techn. Mitt. 65 (1972) 8, S. 375 - 377.

/10/ Hojas, M. u. Körbe, H.: NC-gesteuerte 2-Hammer-Schmiedemaschine zur Herstellung von Stabstahl und rotationssymmetrischen Freiformschmiedestücken. Stahl und Eisen 101 (1981), S. 1225 - 1228.

/11/ Körbe, M. u. a.: Mittel- und langfristige Forschungsziele in der Freiformschmiedetechnik. Stahl und Eisen 101 (1981), S. 563 - 567.

/12/ Noller, H.: Numerische Steuerung einer flexiblen Bearbeitungseinheit zum Radialumformen. Berichte aus dem Institut für Umformtechnik, Universität Stuttgart, Nr. 79. Berlin, Heidelberg, New York, Tokyo: Springer 1984.

/13/ Struß, H.: Konzept der Steuerung der Radialumformmaschine. Institut für Umformtechnik, Universität Stuttgart. Unveröffentlichter Bericht vom Juni 1978.

/14/ Paukert, R.: Rechnerische Ermittlung von Zustandsgrößen beim Radialumformen. Berichte aus dem Institut für Umformtechnik, Universität Stuttgart, Nr. 78. Berlin, Heidelberg, New York, Tokyo: Springer 1984.

/15/ Dostal, M.: Kostenoptimierter Einsatz der Radialumformmaschine in gemischten flexiblen Fertigungssystemen. Berichte aus dem Institut für Umformtechnik, Universität Stuttgart, Nr. 77. Berlin, Heidelberg, New York, Tokyo: Springer 1984.

/16/ Kopp, R. u. a.: Optimierung von Umformprozessen durch Verknüpfung empirischer und theoretischer Erkenntnisse am Beispiel des Freiformschmiedens. Stahl und Eisen 99 (1979), S. 495 - 503.

/17/ Erlmann, K.: Ein Beitrag zur numerischen Berechnung der Umformung metallischer Werkstoffe. Dissertation, Universität Hannover, 1980.

/18/ Herbertz, R. u. Kopp, R.: Die Finite Elemente-Methode als Werkzeug zur Lösung von Umformproblemen, dargestellt am Beispiel des Reckschmiedens. Stahl und Eisen 104 (1984) 9, S. 457 - 460.

/19/ Kopp, R.: Zur näherungsweisen Ermittlung örtlicher Spannungen bei Umformprozessen mittels Spannungsschranken. Arch. Eisenhüttenwes. 53 (1982) 3, S. 101 - 104.

/20/ Ambaum, E.: Untersuchungen über das Verhalten innerer Hohlstellen beim Freiformschmieden. Dissertation, RWTH Aachen, 1979.

/21/ Cook, P. M.: Dependence of mechanical properties on local strain. Journal of Iron and Steel Institute 179 (1955), S. 250 - 252.

/22/ Lju Chai-Kuan u. a.: Die Durchschmiedung von Metall beim Recken großer Schmiedestücke mit Flachsätteln. Kuznecno stampovocnoe proizvodstvo 2 (1960) 9, S. 1 - 5 (Deutsche Übersetzung).

/23/ Heil, H.-P. u. Schütza,A.: Einfluß von Sattelform und -abmessung auf die mechanischen Eigenschaften von Freiformschmiedestücken. Archiv Eisenhüttenwesen 46 (1975) 3, S. 201 - 208.

/24/ Hill, R.: The mathematical theory of plasticity. Oxford: Clarendon Press 1950.

/25/ Kopp, R. u. Tuke, K.-H.: Grundlagen und Verfahren der Hochumformung zur Erzeugung von Stabstahl. Stahl und Eisen 97 (1977) 16, S. 761 - 765.

/26/ Vater, M. u. Heil, H.-P.: Umformbedingungen und Gestaltung der Werkzeuge beim Freiformen. Stahl und Eisen 91 (1971) 15, S. 864 - 876.

/27/ Geiger, M. u. Geiger, R.: Elementare Plastizitätstheorie, Ansätze nach Siebel u. a. für die Kraftberechnung bei Umformvorgängen. Industrie-Anzeiger 95 (1973) 20, S. 385 - 389.

/28/ Braun-Angott, P. u. Berger, P.: Berechnung von Breitung und Umformkraft beim Reckschmieden. Arch. Eisenhüttenwes. 53 (1982) 10, S. 379 - 383.

/29/ Kopp, R.: Möglichkeiten und Grenzen der Visioplasticity-Methode zur Ermittlung umformtechnischer Größen. Drahtwelt 11 (1977), S. 437 - 441.

/30/ Leutgöb, A.: Umformkennwerte beim Durchlauf- und Langschmieden. Arch. Eisenhüttenwes. 53 (1982) 1, S. 29 - 34.

/31/ Uhlig, A.: Näherungsweise Berechnung der Rundknetkraft aus der Fläche und dem mittleren Druck. Bänder, Bleche, Rohre 6 (1965) 4, S. 200 - 206.

/32/ Monegin, J. V. u. a.: Untersuchung des Kraft- und Energieaufwands beim Schmieden auf Radialschmiedemaschinen (russ). Kuzn. stamp. proizv. 24 (1982) 5, S. 18 - 19.

/33/ Siebel, E.: Grundlagen und Begriffe der bildsamen Formgebung. Werkstattstechnik und Maschinenbau 40 (1950) 11, S. 373 - 380.

/34/ Paukert, R.: Methode zur praxisnahen Kraftabschätzung beim Radialumformen. HGF-Kurzbericht Nr. 84/58. Essen: Girardet 1984.

/35/ Geleji , A.: Bildsame Formung der Metalle in Rechnung und Versuch. Berlin: Akademie-Verlag 1960.

/36/ Storoschew, M. W. u. Popov, E. A.: Grundlagen der Umformtechnik. Berlin: VEB-Verlag 1968.

/37/ Metzger, P.: Die numerisch gesteuerte Radialumformmaschine und ihr Einsatz im Rahmen flexibler Fertigungssysteme. Berichte aus dem Institut für Umformtechnik, Universität Stuttgart, Nr. 55. Berlin, Heidelberg, New York: Springer 1980.

/38/ Pahnke, H. J.: Grundlagen des programmierten Schmiedens. Stahl und Eisen 103 (1983) 11, S. 547 - 552.

/39/ Paukert, R.: PRORUM II, Programmsystem zur rechnerunterstützten Arbeitsablauf- und Fertigungsdatenbestimmung für das Radialumformen. wt-Z. ind. Fertig. 75 (1985) 5, S. 309 - 312.

/40/ Michler, K. W.: Betriebsmittel für wirtschaftliches Feinschmieden (Teil III). Ingenieur digest 7 (1968) 6, S. 62 - 66.

/41/ N. N.: Metal forming for the acrospace industry. METALLURGIA (1982) 10, S. 550 - 551.

/42/ de la Mamette, J. u. Zenner, A.: Thermomechanisches Walzen von schweren Trägerprofilen mit qualitativen Sonderansprüchen. Stahl und Eisen 104 (1984) 23, S. 1225 - 1229.

/43/ Miestrach D. u. Blomeier, K.: Vergleichende Untersuchungen an Flugzeugbauteilen unterschiedlicher Herstellverfahren aus hochfesten Aluminiumwerkstoffen. ALUMINIUM 59 (1983) 3, S. 216 - 218.

/44/ N. N.: Design evaluation (Neue Profilformen von Strangpreßteilen). Engng. Mater. Design 27 (1983) 3, S. 26 - 27.

/45/ Mudersbach, W.: Planung und Betrieb von Universalwalzwerken. Stahl und Eisen 105 (1985) 8, S. 463 - 468.

/46/ Kessler, H. D.: Consolidation, Primary and Secondary Fabrication in Titanium Science and Technology. Plenum Press Band 1 (1973), S. 303 - 315.

/47/ Schaeffer, L.: Untersuchungen zum partiellen Schmieden. Dissertation, RWTH Aachen, 1982.

/48/ Schey, J. A. u. Abramowitz, P. M.: Incremental Forging of Parts with Cross-riss. Dearborn: SME-Technical Paper M 773 164, 1973.

/49/ Larsudd, K.: Forging of heavy beam blanks. J. Mech. Work. Technol. 5 (1981) 3/4, S. 211 - 222.

/50/ Harig, W. u. Asbrand, H.: Erfahrungen mit Langschmiedemaschinen. Stahl und Eisen 84 (1964) 9, S. 513 - 520.

/51/ Blaimschein, G.: Durchlaufschmiedemaschinen. Techn. Mitt. 65 (1972) 8, S. 379 - 380.

/52/ Thomsen, E. G.: Visioplasticity. CIRP Annals 1963, Vol. 12/1963.

/53/ Paukert, R.: Investigations into Metal Flow in Radial Forging. Annals of the CIRP, Vol. 32/1/1983, S. 211 - 214.

/54/ Wilhelm, H.: Untersuchungen über den Zusammenhang zwischen der Vickershärte und Vergleichsformänderung bei Kaltumformvorgängen. Berichte aus dem Institut für Umformtechnik, Universität Stuttgart, Nr. 9. Essen: Girardet 1969.

/55/ Lange, K.: Lehrbuch der Umformtechnik, Band 2 Massivumformung. Berlin, Heidelberg, New York: Springer 1974.

/56/ Roll, K.: Einsatz numerischer Näherungsverfahren bei der Berechnung von Verfahren der Kaltmassivumformung. Berichte aus dem Institut für Umformtechnik, Universität Stuttgart, Nr. 66. Berlin, Heidelberg, New York: Springer 1982.

/57/ Siemer, E. u. a.: Qualitätsoptimierte Prozeßführung beim Freiformschmieden. Stahl und Eisen 106 (1986) 8, S. 383 - 388.

Berichte aus dem Institut für Umformtechnik der Universität Stuttgart

Herausgeber Professor Dr.-Ing. Kurt Lange

1 **Untersuchung über den Einfluß der Belastungszeit auf die Streuung der Rückfederung von Biegeteilen**
Von Dipl.-Ing. Klaus Tafel. 70 Seiten Text u. 64 Seiten mit 49 Bildern u. 15 Tafeln. Vergriffen

2/3 **Untersuchungen über das freie Napfen**
Von Dipl.-Ing. Gerhard Schmitt und Dipl.-Ing. Dieter Schmoeckel.
Untersuchungen über den Kraft- und Arbeitsbedarf sowie den Umformwirkungsgrad beim Vorwärts-Vollfließpressen von Stahl
Von Dipl.-Ing. Dieter Kast. 40 Seiten Text u. 43 Seiten mit 47 Bildern u. 5 Tafeln. 28,— DM

4 **Untersuchungen über die Werkzeuggestaltung beim Vorwärts-Hohlfließpressen von Stahl und Nichteisenmetallen**
Von Dipl.-Ing. Dieter Schmoeckel. 72 Seiten Text u. 117 Seiten mit 179 Bildern. 39,— DM

5 **Untersuchungen über das Stauchen und Zapfenpressen**
Von Dipl.-Ing. Mårten Burgdorf. 126 Seiten Text u. 58 Seiten mit 138 Bildern u. 4 Tafeln. 55,— DM

6 **Untersuchungen über die Streuung der Kräfte und Arbeiten beim Fließpressen in der laufenden Fertigung und den Einfluß der Phosphatschichtdicke und des Schmiermittels**
Von Dipl.-Ing. Hans-Dietrich Witte. 38 Seiten Text u. 48 Seiten mit 49 Bildern. 30,— DM

7 **Untersuchungen über das Rückwärts-Napffließpressen von Stahl bei Raumtemperatur**
Von Dipl.-Ing. Gerhard Schmitt. 132 Seiten Text u. 93 Seiten mit 130 Bildern u. 5 Tafeln. 34,— DM

8 **Die Abbildegenauigkeit beim Biegen im 90°-V-Gesenk und ihre Beeinflussung durch Nachdrücken im Gesenk**
Von Dipl.-Ing. Eckart Dannenmann. 50 Seiten Text u. 31 Seiten mit 28 Bildern u. 1 Tafel. Vergriffen

9 **Untersuchungen über den Zusammenhang zwischen Vickershärte und Vergleichsformänderung bei Kaltumformvorgängen**
Von Dipl.-Ing. Hans Wilhelm. 50 Seiten Text u. 35 Seiten mit 37 Bildern u. 2 Tafeln. Vergriffen

10 **Untersuchungen über das Abstreckziehen von zylindrischen Hohlkörpern bei Raumtemperatur**
Von Dipl.-Ing. Rolf K. Busch. 86 Seiten Text u. 92 Seiten mit 97 Bildern. Vergriffen

11 **Vorgänge beim elektromagnetischen und elektrohydraulischen Umformen von metallischen Werkstücken**
Von Dipl.-Ing. Herbert Müller. 90 Seiten Text u. 110 Seiten mit 93 Bildern u. 10 Tafeln. 22,— DM

12 **Ein Verfahren zur näherungsweisen Berechnung des Spannungs- und Formänderungszustandes beim Fließen starrplastischer Werkstoffe**
Von Dipl.-Ing. Gerhard Adler. 124 Seiten Text u. 76 Seiten mit 72 Bildern. Vergriffen

13 **Modellgesetzmäßigkeiten beim Rückwärtsfließpressen geometrisch ähnlicher Näpfe**
Von Dipl.-Ing. Dieter Kast. 101 Seiten Text u. 73 Seiten mit 60 Bildern u. 6 Tafeln. Vergriffen

14 **Untersuchungen über das Genauschneiden von Stahl und Nichteisenmetallen**
Von Dipl.-Ing. Wilfried Kramer. 96 Seiten Text u. 132 Seiten mit 128 Bildern u. 10 Tafeln. Vergriffen

15 **Entwicklung und Erprobung eines Simulators zur reproduzierbaren Nachahmung der Kraft-Weg-Verläufe von Umformvorgängen**
Von Dipl.-Ing. Kurt Schmid. 88 Seiten Text u. 38 Seiten mit 35 Bildern u. 2 Tafeln. 17,— DM

16 **Walzrichten von Metallbändern mit symmetrisch angestellter Fünf-Walzen-Richtmaschine**
Von Dipl.-Ing. Hans-Dietrich Witte. 108 Seiten Text u. 63 Seiten mit 60 Bildern u. 8 Tafeln. 22,— DM

17/18 **Erzeugung räumlicher Blechgebilde mittels Flächenbiegung**
Konstruktion, Abwicklung und Herstellung von Schraubtorsen aus Blech
Von Prof. Dr.-Ing. E. h. Dr. techn. h. c. Otto Kienzle.
120 Seiten Text u. 55 Seiten mit 86 Bildern u. 3 Tafeln. 22,— DM

19 **Einfluß der Alterung auf die mechanischen Eigenschaften von Stählen zum Kaltfließpressen**
Von Dipl.-Ing. Vladimir Hasek, CSc. 43 Seiten Text u. 54 Seiten mit 50 Bildern u. 3 Tafeln. 16,— DM

20 **Beitrag zur Frage der Spannungen, Formänderungen und Temperaturen beim axialsymmetrischen Strangpressen**
Von Dipl.-Ing. Rolf Dalheimer. 118 Seiten Text u. 76 Seiten mit 79 Bildern u. 3 Tafeln. Vergriffen

21 **Über den Einfluß der Werkzeuggeschwindigkeit auf den Stauchvorgang**
Von Dipl.-Ing. H.-J. Metzler. 127 Seiten Text u. 100 Seiten mit 94 Bildern u. 6 Tafeln. 25,— DM

22 **Numerische Behandlung von Verfahren der Umformtechnik**
Von Dr.-Ing. Elmar Steck. 67 Seiten Text u. 22 Seiten mit 43 Bildern. 16,— DM

23 **Ein Verfahren zur näherungsweisen Berechnung der Wärmeentwicklung und der Temperaturverteilung beim Kaltstauchen von Metallen**
Von Dipl.-Ing. Walther Pohl. 78 Seiten Text u. 51 Seiten mit 61 Bildern u. 4 Tafeln. 21,— DM

24 **Untersuchungen über das Drückwalzen zylindrischer Hohlkörper und Beitrag zur Berechnung der gedrückten Fläche und der Kräfte**
Von Dipl.-Ing. Hans-Jurgen Dreikandt. 161 Seiten Text u. 79 Seiten mit 73 Bildern u. 6 Tafeln. Vergriffen

25 **Über den Formänderungs- und Spannungszustand beim Ziehen von großen unregelmäßigen Blechteilen**
Von Dipl.-Ing. Vladimir Hasek, CSc. 129 Seiten Text u. 106 Seiten mit 109 Bildern u. 9 Tafeln. 35,— DM

26 **Über die Anisotropie des plastischen Verhaltens stranggepreßter Stäbe aus hexagonalen Metallen**
Von Dipl.-Ing. Gunther Schroder. 129 Seiten Text u. 75 Seiten mit 97 Bildern u. 2 Tafeln. Vergriffen

27 **Die Messung der mechanischen Kontaktspannung in der Wirkfuge**
Werkzeug — Werkstück bei Umformverfahren
Von Dipl.-Ing. Fritz Dohmann 99 Seiten Text u. 82 Seiten mit 93 Bildern u. 4 Tafeln. Vergriffen

28 **Beitrag zur rechnerunterstützten Auslegung von Pressengestellen**
Von Dipl.-Ing. Manfred Geiger. 94 Seiten u. 56 Seiten mit 63 Bildern. Vergriffen

29 **Untersuchungen über das Aufweittiefziehen**
Von P. S. Raghupathi. M. E. ISBN 3-7736-0780-6
80 Seiten Text u. 54 Seiten mit 73 Bildern u 2 Tafeln. 32.– DM

30 **Faltenbildung als Verfahrensgrenze beim Stauchen von Hohlkörpern**
Von Dipl.-Ing. Klaus Dieterle. ISBN 3-7736-0781-4.
55 Seiten Text u. 35 Seiten mit 43 Bildern u. 3 Tafeln 28.– DM

31 **Beitrag zur Ermittlung von Fließkurven im kontinuierlichen hydraulischen Tiefungsversuch**
Von Dipl.-Ing. Franc Gologranc. ISBN 3-7736-0785-7.
125 Seiten Text u. 58 Seiten mit 95 Bildern u 6 Tafeln Vergriffen

32 **Untersuchungen an Strangpreßmatrizen**
Von Dipl.-Ing. Klaus Gieselberg ISBN 3-7736-0786-5.
101 Seiten Text u. 56 Seiten mit 69 Bildern. 45.– DM

33 **Beitrag zur Messung der Strangoberflächentemperatur beim Strangpressen**
Von Dipl.-Ing. Karl-Heinz Friedrich. ISBN 3-7736-0787-3.
83 Seiten Text u. 90 Seiten mit 84 Bildern u. 3 Tafeln 48.– DM

34 **Über das Umformverhalten von Blechen aus Titan und Titanlegierungen**
Von Dipl.-Ing. Hans Wilhelm. ISBN 3-7736-0788-1
107 Seiten Text u. 69 Seiten mit 76 Bildern u. 13 Tafeln Vergriffen

35 **Untersuchung der magnetischen Induktion. Stromdichte und Kraftwirkung bei der Magnetumformung**
Von Dipl.-Ing. Volker Schmidt. ISBN 3-7736-0789-X.
60 Seiten Text u. 53 Seiten mit 84 Bildern 21.– DM

36 **Der Stofffluß beim kombinierten Napffließpressen**
Von Dipl.-Ing. Rolf Geiger. ISBN 3-7736-0790-3
111 Seiten Text u. 74 Seiten mit 80 Bildern u 6 Tafeln Vergriffen

37 **Beitrag zum Verhalten superplastischer Werkstoffe beim Massivumformen**
Von Dipl.-Ing. Hans Schelosky. ISBN 3-7736-0791-1
123 Seiten Text u 61 Seiten mit 60 Bildern u 4 Tafeln Vergriffen

38 **Energieumsatz beim elektrohydraulischen Umformen**
Von Dipl.-Ing. Hans-Joachim Weckerle. ISBN 3-7736-0792-X.
103 Seiten Text u. 46 Seiten mit 56 Bildern. 45.– DM

39 **Elastische Wechselwirkungen an Gestell und Hauptgetriebe weggebundener Pressen**
Von Dipl.-Ing. Lutz Schemperg ISBN 3-7736-0793-8.
91 Seiten Text u. 58 Seiten mit 65 Bildern u. 3 Tafeln. 45.– DM

40 **Über das plastische Verhalten von Sintermetallen bei Raumtemperatur**
Von Dipl.-Ing. Hartmut Höneß ISBN 3-7736-0794-6.
84 Seiten Text u. 54 Seiten mit 67 Bildern u. 2 Tafeln Vergriffen

41 **Untersuchungen zum Halbwarmfließpressen von Stahl**
Von Dr.-Ing. Rolf Geiger, Dipl.-Ing. Eckart Dannenmann und Dipl.-Ing. Jean Stefanakis
ISBN 37736-0795-4. 50 Seiten Text u. 33 Seiten mit 34 Bildern u 2 Tafeln. Vergriffen

42 **Änderung der Werkstoffeigenschaften beim Ziehen von zylindrischen Hohlkörpern aus austenitischen und ferritischen nichtrostenden Stählen**
Von Dipl.-Ing. Rolf Zeller ISBN 3-7736-0796-2.
80 Seiten Text u. 52 Seiten mit 34 Bildern u. 2 Tafeln. Vergriffen

43 **Untersuchungen über das Fließpressen superplastischer Werkstoffe**
Von Dr.-Ing. Hans Schelosky. ISBN 3-7736-0797-0.
36 Seiten Text u. 24 Seiten mit 26 Bildern u. 1 Tafel. Vergriffen

44 **Umformende Bearbeitung in flexiblen Fertigungssystemen**
Von Dipl.-Ing. Hartmut Kaiser. ISBN 3-7736-0798-9
87 Seiten Text u. 24 Seiten mit 47 Bildern. 36.– DM

45 **Geometrische Eigenschaften tiefgezogener kreiszylindrischer Näpfe**
Von Dipl.-Ing. Dieter Schlosser ISBN 3-7736-0799-7
107 Seiten Text u. 64 Seiten mit 60 Bildern u. 9 Tafeln. 48.– DM

46 **Die Eigenschaften einer AlZnMgCu-Legierung nach ausgewählten Kombinationen von Wärmebehandlung und Kaltumformung**
Von Dipl.-Ing. Karl Hankele. ISBN 3-7736-0880-2.
86 Seiten Text u. 51 Seiten mit 52 Bildern u. 4 Tafeln. 45.– DM

47 **Kaltmassivumformen von Sintermetall**
Von Dipl.-Ing. Hans Dieter Schacher ISBN 3-7736-0881-0.
84 Seiten Text u. 44 Seiten mit 47 Bildern u 5 Tafeln. 42.– DM

48 **Rechnerunterstützte Arbeitsplanerstellung und Kostenrechnung beim Kaltmassivumformen von Stahl**
Von Dipl.-Ing. Peter Noack. ISBN 3-7736-0882-9.
216 Seiten Text u 116 Seiten mit 134 Bildern u. 23 Tafeln. 65.– DM

49 **Beitrag zur beanspruchungsgerechten Auslegung von rotationssymmetrischen Fließpreßmatrizen**
Von Dipl.-Ing. Gunther Krämer. ISBN 3-7736-0883-7.
94 Seiten Text u. 53 Seiten mit 56 Bildern. Vergriffen

50 **Erzeugung gratfreier Schnittflächen durch Aufteilen des Schneidvorgangs (Konterschneiden)**
Von Dipl.-Ing. Heinz Liebing. ISBN 3-7736-0884-5.
87 Seiten Text u 51 Seiten mit 55 Bildern u. 4 Tafeln. 46.– DM

51 **Berechnung der elastischen Eigenschaften von Baugruppen im Pressenbau**
Von Dipl.-Ing. Herbert Blum ISBN 3-540-09804-6.
151 Seiten mit 55 Abbildungen. Vergriffen

52 **Untersuchung der Verfahrensgrenzen beim 180°-Biegen von Fein- und Mittelblechen**
Von Dipl.-Phys. Wolfgang Schaub. ISBN 3-540-09881-X.
65 Seiten mit 24 Abbildungen. 38,– DM

53 **Abstreckgleitziehen von nichtrostenden austenitischen Stählen**
Von Dipl.-Ing. Jobst-H. Kerspe. ISBN 3-540-09882-8.
109 Seiten mit 36 Abbildungen. 43,– DM

54 **Fließpressen von Stahl im Temperaturbereich 773 K (500°C) bis 1073 K (800°C)**
Von Dipl.-Ing. Ulrich Diether. ISBN 3-540-09959-X.
165 Seiten mit 80 Abbildungen. 48,– DM

55 **Die numerisch gesteuerte Radial-Umformmaschine und ihr Einsatz im Rahmen einer flexiblen Fertigung**
Von Dipl.-Ing. Peter Metzger. ISBN 3-540-10073-3.
158 Seiten mit 65 Abbildungen. 43,– DM

56 **Möglichkeiten zur Steuerung des Stoffflusses beim Ziehen großer unregelmäßiger Blechteile**
Von Dr.-Ing. Vladimir V. Hasek. ISBN 3-540-10074-1.
193 Seiten mit 96 Abbildungen. 48,– DM

57 **Beitrag zur Arbeitsgenauigkeit des Kaltmassivumformens**
Von Dipl.-Ing. Herbert Leykamm. ISBN 3-540-10363-5.
165 Seiten mit 84 Abbildungen und 5 Tabellen.. 48,– DM

58 **Untersuchungen über das Verjüngen von zylindrischen Vollkörpern**
Von Dipl.-Ing. Helmut Binder. ISBN 3-540-10466-6.
146 Seiten mit 50 Abbildungen und 3 Tabellen. 43,– DM

59 **Umformverhalten legierter Sintereisen**
Von Dipl.-Ing. Manfred Stilz. ISBN 3-540-11051-8.
170 Seiten mit 75 Abbildungen und 5 Tabellen. 48,– DM

60 **Interaktives Programmsystem zur Erstellung von Fertigungsunterlagen für die Kaltmassivumformung**
Von Dipl.-Ing. Michael Rebholz. ISBN 3-540-11052-6.
121 Seiten mit 46 Abbildungen. 43,– DM

61 **Beitrag zum Ziehen von Blechteilen aus Aluminiumlegierungen**
Von Dipl.-Ing. Michael Blaich. ISBN 3-540-11067-4.
141 Seiten mit 64 Abbildungen und 5 Tabellen. 43,– DM

62 **Auslegung von rotationssymmetrischen Fließpreßwerkzeugen im Bereich elastisch-plastischen Werkstoffverhaltens**
Von Dipl.-Ing. Thomas Neitzert. ISBN 3-540-11623-0.
159 Seiten mit 51 Abbildungen. 53,– DM

63 **Fließpressen von Sintermetall im Temperaturbereich zwischen 873 K (600°C) und 1173 K (900°C)**
Von Dipl.-Ing. Wolfgang Schaub. ISBN 3-540-11678-8.
160 Seiten mit 85 Abbildungen und 9 Tabellen. 53,– DM

64 **Rechnerunterstützte Konstruktion von Umformwerkzeugen und die Fertigungsplanung von Werkzeugelementen**
Von Dipl.-Ing. Dieter Steuss. ISBN 3-540-11856-X.
178 Seiten mit 87 Abbildungen und 6 Tabellen. 53,– DM

65 **Möglichkeiten und Grenzen des Kaltgesenkschmiedens als eine fertigungstechnische Alternative für kleine, genaue Formteile**
Von Dipl.-Ing. Khang Hoang-Vu. ISBN 3-540-11876-4.
156 Seiten mit 62 Abbildungen und 5 Tabellen. 53,– DM

66 **Einsatz numerischer Näherungsverfahren bei der Berechnung von Verfahren der Kaltmassivumformung.**
Von Dipl.-Ing. Karl Roll. ISBN 3-540-11910-8.
166 Seiten mit 49 Abbildungen und 2 Tabellen. 53,– DM

67 **Untersuchung über das Verjüngen von dickwandigen, zylindrischen Hohlkörpern**
Von Dipl.-Ing. Knut Haarscheidt. ISBN 3-540-12229-X.
124 Seiten mit 58 Abbildungen und 6 Tabellen. Vergriffen

68 **Rechnerunterstützte Optimierung des Tiefziehens unregelmäßiger Blechteile**
Von Dipl.-Ing. Hans Glöckl. ISBN 3-540-12522-1.
143 Seiten mit 60 Abbildungen. Vergriffen

69 **Hydrostatisches Fließpressen: Verfahrensparameter und Werkstückeigenschaften**
Von Dipl.-Ing. Jobst H. Kerspe. ISBN 3-540-12537-X.
123 Seiten mit 69 Abbildungen und 5 Tabellen. 58,– DM

70 **Untersuchungen zum Halbwarmfließpressen von Automatenstählen**
Von Dipl.-Ing. Eberhard Nehl. ISBN 3-540-12568-X.
145 Seiten mit 104 Abbildungen. 58,– DM

71 **Entwicklung und Anwendung neuer Schmierstoffprüfverfahren für die Kaltmassivumformung**
Von Dipl.-Ing. Thomas Gräbener. ISBN 3-540-12836-0.
140 Seiten mit 65 Abbildungen. 58,– DM

72 **Einfluß der Blechoberfläche beim Ziehen von Blechteilen aus Aluminiumlegierungen**
Von Dipl.-Ing. Erhard Mössle. ISBN 3-540-12837-9.
142 Seiten mit 62 Abbildungen und 6 Tabellen. 58,– DM

73 **Werkzeugverschleiß in der Massivumformung**
Von Dipl.-Ing. Matthias Weiergräber. ISBN 3-540-13033-0.
72 Seiten mit 36 Abbildungen und 2 Tabellen. 58,– DM

74 **Grundlagen der Umformtechnik I · Fundamentals of Metal Forming Technique I**
298 Seiten. ISBN 3-540-13039-X. 58,– DM

75 **Grundlagen der Umformtechnik II · Fundamentals of Metal Forming Technique II**
280 Seiten. ISBN 3-540-13040-3. 58,– DM

76 **Herstellung und Versteifungswirkung von geschlossenen Halbrundsicken**
Von Dipl.-Ing. Michael Widmann. ISBN 3-540-13172-8.
150 Seiten mit 63 Abbildungen. 63,– DM

77 **Kostenoptimierter Einsatz der Radialumformmaschine in gemischten, flexiblen Fertigungssystemen**
Von Dipl.-Ing. Michael Dostal. ISBN 3-540-13286-4.
121 Seiten mit 61 Abbildungen. 63,– DM

78 **Rechnerische Ermittlung von Zustandsgrößen beim Radialumformen**
Von Dipl.-Ing. Roland Paukert. ISBN 3-540-13287-2.
131 Seiten mit 57 Abbildungen und 1 Tabelle. 63,– DM

79 **Numerische Steuerung einer flexiblen Bearbeitungseinheit zum Radialumformen**
Von Dipl.-Ing. Helmut Noller. ISBN 3-540-13550-2.
120 Seiten mit 41 Abbildungen und 2 Tabellen. 63,– DM

80 **Vergleichende Betrachtung der Verfahren zur Prüfung der plastischen Eigenschaften metallischer Werkstoffe**
Von Dr.-Ing. Klaus Pöhlandt. ISBN 3-540-13578-2.
178 Seiten mit 43 Abbildungen und 11 Tabellen. 63,– DM

81 **Aufweitung von Fließpreßmatrizen mit überlagerter thermischer und mechanischer Beanspruchung**
Von Dipl.-Ing. Ewald Kling. ISBN 3-540-15755-7.
139 Seiten mit 61 Abbildungen und 1 Tabelle. 63,– DM

82 **Messung des Werkzeugverschleißes bei der Kalt- und Halbwarmumformung mit Radionukliden**
Von Dipl.-Ing. Eberhard Nehl. ISBN 3-540-16497-9.
131 Seiten mit 55 Abbildungen und 11 Tabellen. 68,– DM

83 **Ermittlung von Eigenspannungen in der Kaltmassivumformung**
Von A. Erman Tekkaya. ISBN 3-540-16498-7.
162 Seiten mit 60 Abbildungen und 2 Tabellen. 68,– DM

84 **Korrosionsbeständigkeit tiefgezogener rotationssymmetrischer Werkstücke aus austenitischen Stählen**
Von Dipl.-Ing. Matthias Weiergräber. ISBN 3-540-16560-6.
137 Seiten mit 63 Abbildungen und 4 Tabellen. 68,– DM

85 **Simulation of Metal Forming Processes by the Finite Element Method (SIMOP-I)**
Workshop Stuttgart 1985. ISBN 3-540-16592-4.
316 Seiten mit 147 Abbildungen und 3 Tabellen. 68,– DM

86 **Beanspruchung von Napf-Rückwärts-Fließpreßmatrizen aus Keramik infolge mechanischer Belastung und Temperatureinwirkung**
Von Dipl.-Ing. Winfried Nester. ISBN 3-540-16845-1.
148 Seiten mit 66 Abbildungen und 2 Tabellen. 68,– DM

87 **Einfluß von Oberflächenbeschichtungen auf den Werkzeugverschleiß bei der Massivumformung**
Von Dipl.-Ing. Harald Westheide. ISBN 3-540-16846-X.
146 Seiten mit 84 Abbildungen und 9 Tabellen. 68,– DM

88 **Hydrostatisches Fließpressen von Profilen unter Verwendung von Matrizen mit stetigem Übergang**
Von Dipl.-Ing. Suwandi Sugondo. ISBN 3-540-16847-8.
130 Seiten mit 59 Abbildungen und 7 Tabellen. 68,– DM

89 **Untersuchungen über das kombinierte Quer-Napf-Vorwärts-Fließpressen**
Von Dipl.-Ing. Walter Osen. ISBN 3-540-17349-8.
153 Seiten mit 66 Abbildungen. 68,– DM

90 **Werkstoff und Umformung**
1. Workshop Stuttgart, 1986. ISBN 3-540-17370-6.
224 Seiten. 68,– DM

91 **Beanspruchungsgerechte Auslegung von Fließpreßwerkzeugen mit numerischen Berechnungsmethoden**
Von Dipl.-Ing. Vu The Cuong. ISBN 3-540-17472-9.
169 Seiten mit 80 Abbildungen und 12 Tabellen. 68,– DM

92 **Der Kerbzugversuch als Einfachprüfverfahren für das richtungsabhängige Umformvermögen von Blechwerkstoffen**
Von Dipl.-Phys. Christian Weist. ISBN 3-540-17666-7.
96 Seiten mit 48 Abbildungen und 5 Tabellen. 68,– DM

93 **Querfließpressen eines Flansches oder Bundes an zylindrischen Vollkörpern aus Stahl**
Von Dipl.-Ing. Winfried Schätzle. ISBN 3-540-17929-1.
129 Seiten mit 67 Abbildungen und 3 Tabellen. 68,– DM

94 **Untersuchung des Werkzeugbruches beim Voll-Vorwärts-Fließpressen**
Von Dipl.-Ing. Willi Reiss. ISBN 3-540-18376-0.
159 Seiten mit 69 Abbildungen und 3 Tabellen. 68,– DM

95 **Grundlagen für das Kaltwalzen von Voll- und Hohlkörpern nach dem Grob-Verfahren**
Von Dipl.-Ing. Norbert Kurz. ISBN 3-540-18509-7.
163 Seiten mit 72 Abbildungen und 5 Tabellen. 68,– DM

96 **Rechnergestützte Fertigung von Sonderprofilen auf der Radialumformmaschine**
Von Dipl.-Ing. Andreas Wöhr. ISBN 3-540-19161-5.
141 Seiten mit 80 Abbildungen. 73,– DM